Aurélien Boutaud
Natacha Gondran

L'empreinte écologique

La Découverte
9 *bis*, rue Abel-Hovelacque
75013 Paris

Remerciements. Nous tenons à remercier Jean Gadrey pour sa précieuse relecture, ainsi que le Global Footprint Network pour la fourniture de la feuille des calculs nationaux de la France.

Un grand merci à Katia et Pierre pour leurs commentaires, leur relecture et leur patience.

Ce livre est dédié à Hélios, à Timothé et à tous les enfants d'aujourd'hui et de demain...

La photographie reproduite en page de couverture est extraite de l'ouvrage d'Alex MacLean, *Over. Visions aériennes de l'*American Way of Life *: une absurdité écologique,* Dominique Carré Éditeur/La Découverte, Paris, 2008.

ISBN : 978-2-7071-5685-3

Introduction

1838. Pacifique Ouest. Un galion portant pavillon français navigue le long des côtes de l'île de Pâques. Autour de lui, la mer est calme. À l'horizon, la terre de Pâques paraît étrangement morne ; elle ressemble à un gros galet sans vie, un monceau de lave désertique posé au milieu de l'océan. À peine distingue-t-on çà et là les silhouettes allongées de quelques-unes de ces statues d'un autre âge, témoins d'une civilisation mystérieusement disparue. Rien d'autre à part cela. Rien d'autre que le soleil. Le vent. Le silence de la mer.

Et puis, soudain, surgissent au loin quelques hommes perchés sur de frêles pirogues. Tandis que celles-ci s'approchent du bateau français, des cris se font entendre. Les mots jaillissent des embarcations comme autant de flèches. Pointus. Acérés. Toujours les mêmes cris incompréhensibles, répétés à l'infini : « *Miru ! Miru !* »

Notre équipage est à présent massé sur le flanc du bateau. Comme à chacune des rencontres avec ces peuplades inconnues, l'excitation est à son comble à bord du galion français. On observe, on écoute. On hésite. Évidemment, chacun sait que ces quelques esquifs ne représentent pas la moindre menace pour l'équipage. Mais tout de même… Que veulent-ils ? Que disent-ils ? Et les Polynésiens d'insister, montrant le bateau du doigt, hurlant.

Tout à coup, ils sont là. À portée de main. On leur jette une échelle et les voilà qui se bousculent, grimpant vaille que vaille à bord du galion, puis désignant et touchant chaque pièce du vaisseau comme s'il s'agissait de mystérieux talismans. Et toujours en poussant ce drôle de cri mêlé d'admiration, de stupeur, de joie : « *Miru !* »

Après une telle entrée en matière, le lecteur se demandera peut-être où les auteurs peuvent bien vouloir l'emmener. Quel rapport entre l'empreinte écologique et ces quelques Polynésiens désespérément juchés sur leurs pirogues de fortune ? Un premier élément de réponse à cette question tient en la signification du mot *miru*. Dans son carnet de bord, le capitaine du bateau français nous l'explique en ces termes : « Ce mot désigne le bois qu'utilisent les Polynésiens pour fabriquer leurs pirogues. C'était ce dont ils avaient le plus besoin et ils firent tout ce qu'ils purent pour nous le faire comprendre. »

Rappelons que l'île de Pâques, telle qu'elle nous apparaît aujourd'hui, ressemble toujours à cet étrange caillou quasi désertique sur lequel rien, ou presque, ne paraît pouvoir pousser. Pas de trace de forêt par ici. Aucun arbre digne de ce nom. À peine quelques buissons parviennent-ils encore à hérisser leurs branches par endroits, défiant les alizés du Pacifique. Mais tout le reste n'est que rochers, herbes, cailloux, ronces, poussière... On n'est alors guère étonné d'apprendre que la première préoccupation des habitants de l'île ait été tournée vers cette ressource éminemment précieuse à leurs yeux : le bois.

Tout à leur surprise, les passagers du bateau français ne pouvaient se douter que cette île avait jadis été occupée en son centre par une vaste et luxuriante forêt. Les palmiers les plus hauts y dépassaient aisément les vingt mètres. Les plus gros arbres servaient à creuser les précieuses pirogues qui permettaient à ce peuple insulaire d'aller pêcher au large le poisson qui faisait défaut à proximité des côtes. Quant au reste des ressources forestières, les archéologues ont pu prouver qu'elles avaient fait l'objet de multiples formes d'exploitation. Le bois servait à la cuisson des aliments, à la crémation des corps, à la construction des habitations et, surtout, au transport et à l'érection des énormes statues pascuanes. Ainsi, en quelques siècles seulement, l'exploitation de la forêt insulaire permit à la population de l'île de Pâques de connaître un essor remarquable, sur les plans tant démographique que politique, religieux ou encore économique. La construction des statues témoigne de cette période d'expansion durant laquelle chaque chef religieux cherchait par le biais de cette architecture monumentale à dépasser en prestige ses voisins, mais aussi à asseoir son ascendant et son pouvoir sur une société de plus en plus complexe et hiérarchisée.

On pense aujourd'hui que cette course aveugle à la croissance se solda au final par une surexploitation du milieu dont la traduction la plus spectaculaire fut la destruction totale de la forêt et la disparition concomitante d'une multitude d'espèces végétales et animales. En quelques décennies seulement, la plupart des ressources alimentaires sauvages disparurent de l'île ; la pêche en haute mer fut rendue impossible faute d'arbres suffisamment grands pour construire de solides pirogues, et l'agriculture périclita à son tour à cause notamment de l'absence de forêts susceptibles de retenir l'érosion des sols et de maintenir leur fertilité. Privés d'une grande partie de leurs aliments, réduits à manger des rats, les Pascuans connurent une famine sans précédent qui entraîna un véritable effondrement démographique. Le régime politique et religieux de l'île de Pâques tenta de se maintenir malgré tout, tournant son attention toujours davantage vers les dieux dont les Pascuans espéraient encore obtenir la grâce en érigeant des statues sans cesse plus monumentales. Mais, dans de telles conditions, le mécontentement de la population se fit rapidement sentir. La rébellion finit par éclater et, vers la fin du XVIIe siècle, les habitants de l'île cessèrent de construire des statues et se mirent à renverser celles des tribus rivales, scellant par ce geste rageur et symbolique la fin définitive de la civilisation de l'île de Pâques.

Ne sachant rien de cette tragédie, ignorant tout de la grandeur passée de cette civilisation, le capitaine Cook, qui débarqua sur l'île de Pâques en l'an 1774, ne put que constater les conséquences de cet effondrement. Il décrivit alors dans son carnet de bord les habitants de l'île comme des êtres « petits, maigres, effarouchés et misérables ». Et ce sont ces mêmes êtres chétifs qui, soixante-quatre ans plus tard, abordaient le galion français en désignant du doigt ce bois dont leurs ancêtres les avaient définitivement privés et qu'ils avaient appris à considérer depuis comme le bien le plus précieux au monde : « *Miru !* »

Sans doute l'île de Pâques offre-t-elle l'un des exemples les plus spectaculaires d'effondrement d'une civilisation du fait de la surexploitation des ressources naturelles. Il est vrai que l'hypothèse de la destruction de l'écosystème par les seuls habitants de l'île a récemment été remise en cause par certains anthropologues

— l'importation par les premiers colons de maladies infectieuses et de certaines espèces animales aurait ainsi accéléré l'effondrement de la civilisation pascuane [Hunt et Lipo, 2007]*. Il n'empêche que le cas de l'île de Pâques est peut-être celui qui se prête le mieux à l'analogie avec la situation du monde moderne. Comme le biologiste américain Jared Diamond n'hésite pas à nous le rappeler : « En raison de la mondialisation [...], tous les pays du monde partagent aujourd'hui des ressources et interagissent, tout comme le faisaient la douzaine de clans de l'île de Pâques. L'île polynésienne était tout aussi isolée dans l'océan Pacifique que la Terre l'est aujourd'hui dans l'espace. Lorsque les Pascuans étaient dans une situation critique, ils n'avaient nulle part où aller, ni personne vers qui se tourner pour obtenir de l'aide, tels nous autres, Terriens contemporains, qui n'aurons non plus nul recours extérieur si nos problèmes s'aggravent » [Diamond, 2006].

Évidemment, la métaphore n'est pas parfaite. Fort heureusement pour nous, malgré les dégradations de plus en plus préoccupantes de l'environnement mondial auxquelles nous assistons, rien ne prouve que le monde industriel moderne soit voué à s'effondrer aussi dramatiquement que la société pascuane d'il y a quatre cents ans. Mais admettons qu'il serait fort imprudent de ne pas tirer certaines leçons de cette expérience historique. Cette tragédie fait d'ailleurs inévitablement naître en nous nombre d'interrogations : pourquoi, par exemple, les Pascuans n'ont-ils pas réagi plus tôt ? Pourquoi ont-ils attendu que la dégradation de leur environnement ait atteint un stade aussi avancé ? Pourquoi n'ont-ils pas été capables d'adapter leur mode de vie aux capacités régénératives de l'écosystème ? Avaient-ils seulement conscience de cette dégradation de leur milieu de vie et, sinon, qu'est-ce qui a pu les rendre aveugles à ce phénomène ? Et nous, hommes modernes... Saurons-nous réagir à temps ?

Nous avons aujourd'hui, c'est indéniable, un certain nombre d'avantages sur le peuple de l'île de Pâques. Nous bénéficions par exemple d'un niveau de connaissance scientifique très largement supérieur à celui des Pascuans. Nous disposons également d'une inventivité et d'une capacité de réaction et d'innovation

* Les références entre crochets renvoient à la bibliographie en fin d'ouvrage.

sociale et technologique probablement très supérieures aux leurs.

Tout cela ne doit pas nous faire oublier, en revanche, que nous cumulons également un certain nombre de handicaps flagrants par rapport aux anciens habitants de l'île. Tout d'abord, cette technologie sur laquelle nous comptons tellement se trouve relever jusqu'à présent davantage du problème que de la solution : si les Pascuans sont parvenus à détruire leur environnement avec de simples outils de pierre, que dire de nous autres, Terriens modernes, qui disposons d'une multitude d'outils et de machines dont le pouvoir destructeur est incomparablement plus important ? Par ailleurs, nous évoluons dans un monde éminemment plus complexe que celui des Pascuans et notre rapport à l'environnement est souvent beaucoup plus abstrait que le leur, ce qui rend la prise de conscience des problématiques environnementales également plus délicate. La dégradation d'un espace écologique aussi limité que l'île de Pâques n'a pas pu échapper à l'observation de ses habitants ; en revanche, il nous est aujourd'hui plus difficile d'avoir une conscience claire de la capacité régénérative des écosystèmes sur un territoire aussi vaste que la planète Terre. Et il nous est encore plus difficile de mesurer à quel point nos gestes quotidiens influent sur cet équilibre écologique mondial, alors même que nos modes de vie, de plus en plus urbains, nous déconnectent sans cesse davantage de la nature.

À la lecture de ces dernières lignes, une question s'impose, comme une évidence : comment surmonter ces désavantages ? Comment, en particulier, prendre clairement conscience de l'impact du développement de nos sociétés sur l'environnement global ? Et comment être sûrs que nous ne dépassons pas les capacités régénératives de cette petite île isolée au milieu de l'espace qu'est la planète Terre ? C'est à cette dernière question que le système comptable de l'empreinte écologique tente aujourd'hui d'apporter des réponses pratiques.

Rédiger un ouvrage relativement exhaustif sur le système comptable de l'empreinte écologique, dans un langage à la fois clair et accessible, n'est pas chose aisée. L'empreinte écologique pourrait par exemple être très sommairement définie comme un *indice synthétique de soutenabilité écologique*. Mais une telle définition nécessite au moins de répondre à deux questions fondamentales : qu'est-ce que la soutenabilité ? Qu'est-ce qu'un indice synthétique (quelles en sont les caractéristiques et les règles de fonctionnement) ?

Tout au long de la première partie de cet ouvrage, nous tenterons donc de répondre à la première de ces questions. Comment la notion de soutenabilité est-elle née ? Quels sont aujourd'hui les points qui font consensus à son sujet (chapitre I) ? Nous verrons ensuite que le concept de soutenabilité pose en particulier la question de la capacité des écosystèmes à répondre de manière durable aux besoins de la société et en particulier aux besoins de l'économie. C'est donc à une étude systémique des rapports entre économie et écologie que nous convierons le lecteur (chapitre II). Ces quelques rappels nous permettront alors de constater que, comme n'importe quel organisme vivant, comme n'importe quel métabolisme, les économies contemporaines consomment des ressources qui proviennent de la nature, avant de produire des déchets qui sont à leur tour rejetés dans les milieux naturels. Or cette double pression de l'économie sur l'environnement peut se révéler insoutenable si, comme ce fut le cas pour l'île de Pâques, les capacités régénératives de l'écosystème ne sont pas respectées sur le long terme.

Obnubilées par les statistiques, les sociétés modernes réclament aujourd'hui des preuves chiffrées de ce phénomène. Cette demande est évidemment légitime, et c'est pour y répondre que le système comptable de l'empreinte écologique a été élaboré. La deuxième partie de cet ouvrage s'attachera à expliquer plus en détail les différentes étapes de construction de ce système comptable. Comment fonctionne-t-il ? Quels sont ses principes de base, ses hypothèses fondatrices, les sources statistiques qui lui servent de fondement (chapitre III) ? Ce voyage au cœur du mécanisme de l'empreinte écologique nous permettra de comprendre quels en sont les principaux rouages, quelles en sont les limites inévitables mais aussi les avantages indéniables (chapitres IV et V).

Nous aurons alors suffisamment d'éléments en main pour analyser, dans le dernier chapitre, les principaux résultats de l'empreinte écologique (chapitre VI). Cette étude nous permettra de constater que le système comptable de l'empreinte écologique peut se révéler un outil intéressant non seulement pour informer et sensibiliser le public au problème de la soutenabilité, mais aussi pour aider les décideurs à agir concrètement. Histoire, peut-être, d'éviter certaines erreurs commises en leur temps par les habitants de l'île de Pâques !

I / Une brève histoire de la soutenabilité

Sustainability : voilà un terme étrange. Successivement traduit en français par « soutenabilité » ou « durabilité » [Vivien, 2005], ce drôle de néologisme cache en fait une idée bien plus universelle qu'il n'y paraît de prime abord. Comme nous aurons largement l'occasion de le constater tout au long de ces deux premiers chapitres, la soutenabilité renvoie au rapport intime et ambigu qu'entretiennent l'homme et la nature. Avant d'entrer dans le vif du sujet, il n'est donc pas inutile de nous pencher brièvement sur l'histoire passionnante et mouvementée de ce concept hybride qui trouve ses racines quelque part à la croisée des chemins de l'économie et de l'écologie.

La prise de conscience des dimensions finies de la Terre

La prise de conscience par l'homme des dimensions finies de la Terre n'est pas, en tant que telle, un événement récent. La démonstration scientifique en fut d'ailleurs faite dès le IIIe siècle avant Jésus-Christ, lorsque Ératosthène parvint à calculer avec une précision remarquable la circonférence de la Terre. Bien plus tard, en révélant que celle-ci n'était pas le centre de l'Univers mais au contraire une simple planète tournant autour d'une étoile (le Soleil), les travaux de Copernic et de Galilée vinrent à leur tour ébranler la vision que l'Occident chrétien se faisait alors du monde. Pourtant, force est de constater que, durant les siècles qui suivirent, cette révélation n'eut pas d'impact véritablement significatif quant à notre approche de la nature : la planète, même clairement délimitée, semblait constituer une étendue de terre et de mer suffisamment immense pour ne pas avoir à nous inquiéter de sa capacité à répondre aux besoins croissants de l'humanité. Il faut également convenir qu'à cette impression d'immensité s'ajouta l'idée fondatrice des Lumières selon laquelle le progrès de l'homme ne saurait se réaliser sans une certaine forme de domination et d'asservissement de la nature. Une idée que Francis Bacon résume assez bien dans *La Nouvelle Atlantide* lorsqu'il compare la nature à une « femme publique » avant d'en tirer une conclusion implacable : « Nous devons la mater, pénétrer ses secrets et l'enchaîner selon nos désirs » [Bacon, 1627]. Tout un programme !

Et c'est évidemment avec l'émergence de la révolution industrielle que le projet des Lumières va enfin trouver les moyens de sa concrétisation. Les percées de la science vont d'abord permettre, dès la fin du XVIIIe siècle, de « pénétrer » de plus en plus profondément les « secrets » de la nature. Avec les avancées phénoménales de la technologie qui s'ensuivent, doublées d'une exploitation de plus en plus massive des énergies fossiles, l'homme va rapidement se trouver dans la capacité de s'émanciper de cette mère nourricière, rêvant toujours de la « mater » et de l'« enchaîner selon ses désirs ». Et il faut admettre au moins une chose : le programme fut assez remarquablement appliqué. Si bien, d'ailleurs, que lorsque la Seconde Guerre mondiale toucha enfin à son terme, la vision exprimée par René Descartes dans son *Traité du monde* s'était à peu de chose près réalisée : la science semblait avoir définitivement permis à l'homme de devenir « maître et possesseur de la nature »...

Sans doute. Mais à quel prix ! Car, à partir de la seconde moitié du XXe siècle, le rêve des Lumières tourne peu à peu au cauchemar. Certes, les progrès formidables de la science et de la technique ont permis en quelques décennies d'augmenter considérablement le niveau de vie matériel de centaines de millions de personnes. Les avancées de la médecine ont par exemple entraîné une augmentation remarquable de l'espérance de vie. Mais, dans le même temps, de plus en plus mutilée, souillée, surexploitée, la planète s'est mise à montrer de sérieux signes de faiblesse. Durant la période de forte expansion économique des « trente glorieuses », les menaces sur l'environnement mondial se font de plus en plus précises, violentes, monstrueuses. Au premier rang de ces risques figure bien entendu la menace nucléaire : après le bombardement d'Hiroshima, l'humanité prend subitement conscience de la capacité de destruction effroyable qui repose désormais entre ses mains. Amplifiée par le contexte politique international de la guerre froide, la possibilité technologique qui est donnée à l'homme de détruire la vie sur Terre va irrémédiablement conférer à la planète un caractère extrêmement vulnérable.

Et cette impression de fragilité ne va faire que s'accroître au cours des décennies suivantes. Car, au-delà de la menace nucléaire, d'autres événements plus diffus éveillent peu à peu l'attention du public. Pluies acides, réduction de la biodiversité, marées noires à répétition, accidents industriels, trou dans la couche d'ozone, pollutions massives... La multiplication des atteintes à l'environnement, leur gravité sans précédent, leur dimension parfois internationale et irréversible et, enfin, leur médiatisation grandissante vont rapidement faire naître une prise de conscience accrue de la vulnérabilité de l'écosystème terrestre. Dès les années 1950-1960, certaines personnalités fortes comme Jacques-Yves Cousteau ou Rachel Carson [Carson, 1962] commencent à sonner l'alarme. Mais c'est peut-être le Britannique James Lovelock qui, un peu plus tard, à travers son travail controversé sur l'hypothèse Gaïa, révélera le mieux la fragilité de l'écosystème terrestre... ainsi que l'extrême vulnérabilité de l'espèce humaine [Lovelock, 1986].

C'est le mythe d'une nature aux ressources infinies qui va dès lors progressivement s'écrouler dans l'imaginaire occidental. La menace nucléaire et les diverses atteintes à l'environnement vont lentement mais sûrement faire prendre conscience à l'humanité des limites tant géographiques que physiques de la planète. Un pas supplémentaire sera d'ailleurs franchi en cette direction le 29 juillet 1969 lorsque plusieurs centaines de millions de téléspectateurs, suivant l'arrivée du premier homme sur la Lune, verront surgir sur leur écran de télévision cette petite boule bleue et fragile, perdue dans l'espace : la Terre !

Oui, la Terre ! Unique. Irremplaçable. Comme une île isolée au milieu de l'Univers. Une planète qui hier encore semblait immense et inépuisable, mais qui désormais, du fait de la puissance de la technologie humaine, paraît à la fois minuscule, fragile et isolée... Telle l'île de Pâques au milieu de l'océan ! Bien entendu, un tel changement ne manque pas de placer l'humanité dans une situation de responsabilité inédite [Jonas, 1990]. Disposant d'une puissance sans précédent, s'étant rendu maître et possesseur de la nature, l'homme de la seconde moitié du XXe siècle est devenu en quelques décennies une menace pour l'équilibre écologique de la planète. C'est précisément à cette époque que les préoccupations environnementales vont s'inviter au premier plan de l'agenda politique international.

Les grandes étapes de la prise de conscience internationale

N'ignorant rien des menaces écologiques qui pèsent sur la planète, deux hommes, Aurelio Peccei et Alexander King, vont à partir de 1968 rassembler autour d'eux quelques personnalités d'influence pour fonder ce qu'ils appelleront le Club de Rome. Persuadés que l'homme-consommateur est une hérésie sociale, convaincus également que la dépendance du système économique vis-à-vis de la croissance est une aberration dans un monde naturel dont les capacités sont limitées, les membres du Club de Rome décident à la fin des années 1960 de commanditer une étude prospective visant à illustrer leurs thèses. Ayant pris connaissance d'un modèle d'analyse systémique développé par Jay Forrester, ils vont se tourner vers son équipe du Massachusetts Institute of Technology. Et c'est en 1972 que les travaux du MIT seront finalement rendus publics [Meadows *et al.*, 1972].

On a à peu près tout lu et tout entendu sur le rapport du Club de Rome — parfois également appelé rapport Meadows. Encensée par certains, vilipendée par d'autres (et sans doute lue par très peu), sa publication aura en tout cas eu le mérite de provoquer un débat sans précédent. Il est vrai que les conclusions du rapport Meadows n'étaient guère optimistes : les différentes variables introduites dans le modèle du MIT démontraient sans ambiguïté à quel point les sociétés humaines ne pouvaient poursuivre leur objectif de croissance démographique, économique et industrielle sans, tôt ou tard, atteindre l'une des nombreuses limites critiques inhérentes à notre écosystème. Et si — à l'image, une fois de plus, de l'île de Pâques — la Terre ne pouvait être exploitée, polluée et peuplée au-delà de certaines

Le rapport du Club de Rome : les limites de la croissance

Malgré sa grande renommée, le rapport Meadows fait souvent l'objet de remarques infondées ou de commentaires erronés. Au-delà des clichés et des idées préconçues, il n'est pas inutile de rappeler brièvement quel est son contenu.

Il faut avant tout se souvenir que l'équipe du MIT cherchait non pas à fournir des prévisions précises, mais plutôt à établir un modèle mathématique fondé sur quelques variables caractéristiques du « système humain ». Démographie, croissance économique, productions industrielle et agricole, pollutions et disponibilité des ressources naturelles font partie de ces éléments fondamentaux qui furent mis en relation par les membres de l'équipe Meadows afin d'en étudier les interactions. Même s'il n'est pas exhaustif, le modèle qu'ils établirent tente de tester les relations de cause à effet entre ces différents facteurs fondamentaux, en insistant sur les phénomènes d'action et de rétroaction (effets régulateurs) : par exemple, la croissance économique a un effet positif sur la croissance industrielle, qui agit sur la production agricole, voire la démographie, avec en revanche des effets potentiellement négatifs sur la disponibilité des ressources ou sur les pollutions générées. Une fois les différentes variables choisies et les différentes interrelations validées par des experts et testées sur les années 1900-1970 (afin de valider le modèle par l'expérience), les membres du MIT ont ensuite fait fonctionner leur modèle mathématique sur ordinateur en proposant différents scénarios jouant successivement sur des variables discriminantes différentes. Par exemple, un scénario étudie l'évolution des différentes variables en fonction de l'épuisement prévu des ressources fossiles d'ici à quelques décennies, menant à un effondrement économique et démographique. Ensuite, l'évolution de cette variable est modifiée à partir d'un scénario de disponibilité des ressources beaucoup plus optimiste : que se passe-t-il si ces ressources sont quasiment inépuisables ? Ce sont cette fois-ci les pollutions qui posent problème et deviennent un facteur limitant de l'expansion humaine. Mais imaginons à présent que l'énergie et les ressources fossiles soient à la fois très disponibles et que les pollutions générées soient négligeables : c'est alors la disponibilité des terres agraires et leur épuisement suite à l'intensification de l'agriculture qui finissent par s'imposer comme limite à la croissance démographique et économique.

Sans réel parti pris, les chercheurs du MIT ont ainsi joué sur chacune des variables en repoussant à chaque fois les limites de ce qu'il était possible d'imaginer en termes de scénario « optimiste » (ressources et énergie quasi infinies, pollutions modestes, agriculture raisonnée, etc.). Mais, systématiquement, les phénomènes de régulation et de rétroaction qui caractérisent le modèle aboutissent à plus ou moins long terme à un effondrement économique et démographique. La conclusion qu'il faut en tirer est relativement simple : la recherche d'une croissance continue de certaines de ces variables (comme la production et la consommation industrielles) ne peut mener à terme qu'à l'effondrement, et ce quel que soit le degré d'optimisme qui prévaut dans l'établissement des scénarios concernant les autres variables.

limites, alors comment ne pas remettre en cause les modes de développement et de croissance économique qui avaient prévalu jusque-là, en particulier dans les pays les plus riches ? On imagine qu'une telle conclusion ne pouvait laisser indifférentes les instances politiques internationales.

Tout à fait conscientes de l'importance des questions soulevées par le rapport du Club de Rome, les Nations unies se saisirent rapidement de la problématique environnementale. C'est donc dans la foulée de la publication du rapport Meadows que fut organisée à Stockholm la première Conférence des Nations unies sur l'environnement humain. Il est assez courant de lire, à propos de cette Conférence de Stockholm, qu'elle fut un échec retentissant. Il est vrai que Stockholm fut le lieu d'un étrange dialogue entre, d'un côté, des pays riches fraîchement convertis aux préoccupations environnementales et, de l'autre, des pays pauvres encore trop occupés à sortir de la pauvreté pour s'attacher à de telles considérations. Admettons que l'on peut difficilement demander à un pays dont une partie de la population actuelle n'a pas de quoi se nourrir de protéger son environnement naturel au nom des générations futures ! Mais ce fut sans doute le principal mérite de Stockholm que de souligner cette nécessité de réconcilier à l'échelle planétaire les exigences de protection de l'environnement et de développement socioéconomique.

En toute logique, c'est donc autour de cette volonté de réconciliation entre environnement et développement que la négociation internationale s'est organisée à la suite de Stockholm. Un premier pas sera franchi en 1974 lors de la réunion internationale de Cocoyoc, qui propose quelques pistes de convergence des intérêts économiques et écologiques. Cette réflexion aboutit d'ailleurs à la formulation par certains auteurs d'un nouveau concept : l'*écodéveloppement* [Sachs, 1980]. Mais, malheureusement, le premier choc pétrolier relègue pour un temps les préoccupations environnementales au second rang de l'agenda politique international : un phénomène d'autant plus paradoxal et regrettable que le choc pétrolier se montre l'illustration la plus parfaite de la dépendance des économies modernes vis-à-vis des ressources naturelles. Bon an mal an, il faut donc attendre la fin du second choc pétrolier pour que le processus de négociation internationale soit enfin relancé, en particulier grâce à la création en 1983 de la Commission mondiale sur l'environnement et le développement (CMED). Présidée par la Norvégienne Gro Harlem Brundtland, la CMED se voit confier par les Nations unies la mission d'établir un « programme global de changement ». Plus précisément, le mandat des Nations unies demande à la Commission Brundtland de proposer des solutions concrètes permettant de réduire les inégalités mondiales tout en respectant les capacités de charge des écosystèmes. Le travail de la Commission, commencé en octobre 1984, se prolonge pendant près de trois ans, mobilisant une très large consultation. Les contributions aux débats représentent au total plus de dix mille pages de remarques et de propositions. Et la compilation de ces données a finalement permis d'alimenter une réflexion dont la Commission Brundtland publie une synthèse en 1987. Ce compte rendu, communément connu sous le nom de rapport Brundtland, va dès lors définitivement consacrer la notion de soutenabilité...

La naissance du développement soutenable

Suite à sa publication, le rapport Brundtland va rapidement se diffuser à travers le monde, recueillant dans l'ensemble un accueil plutôt positif. Il faut dire que, surfant constamment entre les points de vue les plus opposés sans jamais véritablement trancher, les membres de la commission Brundtland avaient tout fait pour rendre le contenu du rapport aussi consensuel que possible. Ainsi, alors que quinze ans plus tôt le Club de Rome n'hésitait pas à remettre explicitement en cause le dogme de la croissance économique, le rapport Brundtland tend au contraire à le réhabiliter vigoureusement. Cela n'empêche pas en contrepartie les auteurs d'admettre que « nombre d'entre nous vivons au-dessus des moyens écologiques de la planète... » [CMED, 1989] Entre environnement et développement, les membres de la Commission Brundtland ménagent donc sans cesse la chèvre et le chou. Et, au final, l'essentiel de leur effort va consister à cristalliser l'attention autour de valeurs partageables par le plus grand nombre — écologistes et industriels, pays riches et pauvres. C'est en particulier autour du concept de développement soutenable (par la suite devenu *durable* en français) que ces valeurs communes vont progressivement s'agglomérer, notamment

Soutenabilité faible ou forte ?

Il va sans dire que le consensus esquissé suite à la publication du rapport Brundtland cache en fait des points de vue qui restent profondément divergents. Car, si la nécessité de léguer aux générations futures de quoi répondre à leurs besoins a pu faire l'unanimité à cette époque (et, aujourd'hui encore, sans aucun doute), deux écoles de pensée se sont néanmoins très rapidement distinguées, proposant des réponses bien différentes à la question posée [Pearce *et al.*, 1989 ; Turner, 1993].

D'abord réticents à toute idée de régulation du marché pour des motifs écologiques, un certain nombre d'économistes néoclassiques ont fini par se rallier à la cause du développement soutenable en proposant une théorie de la soutenabilité qui est généralement qualifiée de « faible ». L'hypothèse centrale qui sous-tend leur point de vue consiste à supposer que les différentes formes de capitaux qui participent à l'économie humaine sont substituables les unes aux autres. Autrement dit, le capital (ou l'*actif*) naturel pourrait être remplacé par d'autres formes de capitaux artificiels. Pour les tenants de la soutenabilité faible, le fait de dégrader ou de détruire le capital naturel n'est donc pas particulièrement problématique à partir du moment où ce capital est utilisé pour produire une autre forme de capital — notamment financier et technologique — qui sera alors légué aux générations futures, en lieu et place du capital naturel dégradé. Grâce à cette hypothèse de substituabilité, le principe central de solidarité intergénérationnelle est respecté, sans pour autant que les considérations écologiques aient besoin d'être prioritairement considérées. Les tenants de la soutenabilité faible misent en particulier sur l'émergence d'hypothétiques capacités technologiques qui permettront, le moment venu, de passer outre la disparition de certaines ressources ou la dégradation de certains éléments naturels.

Ouvertement opposés à cette vision des choses, certains tenants de l'approche systémique ont développé de leur côté une théorie bien différente : celle de la soutenabilité forte. Le plus souvent proches des valeurs du rapport du Club de Rome, partageant les mêmes inquiétudes et dressant les mêmes constats, les défenseurs de cette approche rejettent en grande partie l'hypothèse de la substituabilité. Pour eux, le capital naturel intègre un certain nombre de caractéristiques écologiques irremplaçables qui déterminent les grands équilibres planétaires et qu'il convient de préserver prioritairement afin de les léguer dans leur intégralité aux générations futures. La soutenabilité forte suggère de ne pas utiliser davantage de services écologiques que la nature est capable d'en régénérer. Autrement dit, seule la « plus-value » du système écologique doit être mobilisée à des fins humaines, sans entamer le capital naturel.

Nous constaterons par la suite que le système comptable de l'empreinte écologique se positionne de manière relativement neutre dans ce débat. L'empreinte écologique a en effet comme objectif de donner une mesure biophysique du capital naturel. Or, que l'on mise ou non sur la substituabilité de ce capital naturel, il est de toute façon primordial de pouvoir en mesurer la dégradation.

grâce à une définition restée célèbre qui considère ce dernier comme un « développement qui répond aux besoins du présent sans compromettre la capacité des générations futures de répondre aux leurs » [CMED, 1989].

Bien entendu, le succès du développement soutenable tient en grande partie à cette position ambiguë : passant outre les oppositions affichées, cette notion souligne les points d'entente potentiels sur lesquels chacun semble pouvoir s'accorder, comme par exemple ce principe éminemment consensuel de solidarité intergénérationnelle.

Sans nous attarder davantage sur les autres aspects que recouvre la notion de développement soutenable, nous retiendrons que la formulation de ce concept dans le rapport Brundtland a permis d'insister sur la nécessité d'une forme de solidarité intergénérationnelle. Les auteurs du rapport insistent néanmoins sur le fait que cette notion est conditionnée par une double exigence fondamentale :

— exigence de *développement*, en particulier pour les pays les plus pauvres, afin de répondre aux besoins des plus démunis « à qui il convient d'accorder la plus grande priorité » ;

— exigence de *soutenabilité écologique*, en particulier cette fois-ci dans les pays les plus riches, afin de rendre nos modes de vie compatibles avec la « capacité [limitée] de l'environnement à répondre aux besoins actuels et à venir » [CMED, 1989].

C'est cette exigence de soutenabilité écologique qui nous intéresse ici plus particulièrement. Car, après tout, en quoi la capacité de l'environnement à répondre à nos besoins actuels et à venir est-elle limitée ? C'est à cette question que l'empreinte écologique tente de répondre.

II / Les conditions de la soutenabilité écologique

Si la dimension finie de l'écosystème terrestre n'est aujourd'hui plus à démontrer, les conclusions que nous devons en tirer pour la bonne gestion des affaires humaines ne font pas encore l'unanimité. Il faut dire que, avec cette prise de conscience des dimensions finies de la Terre, c'est bel et bien une remise en cause de la vision du monde telle que nous l'avons héritée des Lumières qui est à l'œuvre. En permettant dès les années 1950-1960 de corriger certains aspects de l'approche analytique inspirée par Descartes, l'approche systémique a joué un rôle prépondérant dans cette révolution de la pensée. En proposant de s'intéresser tout autant aux interactions qu'au fonctionnement interne des éléments d'un système, en s'attachant davantage à faire émerger une vision globale plutôt qu'à analyser les détails, l'approche systémique a donc largement participé à l'émergence du concept de soutenabilité. C'est d'ailleurs cette approche qui a inspiré la modélisation due aux auteurs du rapport du Club de Rome.

Conscient que la principale vertu de l'approche systémique consistait à « prendre du recul sur les choses », Joël de Rosnay a proposé de baptiser cet outil le *macroscope* [de Rosnay, 1975]. C'est sur cet étrange instrument que nous allons à présent nous pencher.

Ingrédients et recette de la vie sur Terre

Rappelons tout d'abord que les ingrédients nécessaires à l'apparition et au maintien de la vie sur Terre peuvent se résumer à quelques éléments : de l'énergie et des stocks de matière (eau, air, roche).

De l'énergie…

Souvenons-nous avant toute chose que, comme tout système digne de ce nom — comme, par exemple, un moteur de voiture —, l'écosystème terrestre est traversé par des flux d'énergie. Cette énergie est la condition *sine qua non* de son fonctionnement, c'est elle qui permet aux rouages de l'écosystème de s'animer et de s'enchaîner les uns aux autres. Sur Terre, différentes sources d'énergie coexistent : celle qui provient de l'activité géologique (magma en fusion, énergie sismique), celle qui est issue de l'attraction terrestre (force gravitaire) et celle qui provient du Soleil. Cette dernière constitue l'essentiel de l'énergie totale circulant à travers l'écosystème. La photosynthèse qui permet aux plantes de pousser, les circulations de masses d'air qui produisent le vent, l'évaporation et la pluie qui permettent à l'eau de s'écouler à nouveau dans les rivières, et même les énergies fossiles comme le pétrole ou le gaz qui sont issues de la dégradation de matières organiques il y a de cela plusieurs millions d'années : toutes ces formes d'énergie secondaire sont issues du rayonnement solaire. C'est donc l'énergie du Soleil qui détermine prioritairement la présence de la vie sur Terre. Et cette énergie solaire se comporte comme un fluide : c'est-à-dire qu'elle s'écoule. Cet écoulement permet d'animer les rouages de l'écosystème terrestre en produisant de la lumière et de la chaleur — un peu comme l'écoulement de l'eau anime les pales d'un moulin pour produire un travail mécanique. Mais, au lieu de couler entre un point haut et un point bas, comme l'eau d'un moulin, l'énergie du Soleil s'écoule d'une source chaude (le Soleil) vers une source froide constituée par le fond de l'espace. Cet écoulement entraîne une dissipation de l'énergie solaire qui devient alors inutilisable — là encore, un peu comme l'eau qui s'écoule dans un moulin, produisant au passage de l'énergie mécanique puis finissant finalement dans une mare d'eau stagnante : elle a alors perdu son énergie gravitaire. Ce passage d'une énergie utilisable vers une énergie dissipée inutilisable, cette dégradation irréversible de l'énergie qui traverse tout système, c'est ce qu'on appelle la création d'entropie.

Heureusement pour nous, le Soleil constitue une source d'énergie qui devrait encore fonctionner durant quelques milliards d'années... À l'échelle de l'histoire de l'humanité, le Soleil s'apparente donc à une ressource « inépuisable » d'énergie.

... de l'eau, de l'air et de la roche : la vie !

Outre l'énergie, qui constitue en quelque sorte son fluide vital, l'écosystème terrestre est composé de plusieurs réservoirs de matières qui entretiennent d'étroites relations. On peut grossièrement distinguer des stocks de matière inerte ou « abiotique » (air, roche, eau) et des stocks de matière vivante ou « biotique » (animaux, plantes, organismes divers). Les stocks de matière inerte d'air, de roche et d'eau sont respectivement appelés *atmosphère, lithosphère* et *hydrosphère*. Beaucoup de planètes comportent au moins deux de ces sphères abiotiques : une atmosphère composée de différents gaz et un noyau rocheux, équivalent à la lithosphère terrestre. La particularité de la Terre est qu'elle dispose en plus d'une quantité importante d'eau : l'hydrosphère. Interagissant de manière subtile avec l'énergie du Soleil, ces trois sphères abiotiques (atmosphère, lithosphère et hydrosphère) ont permis l'émergence de la vie sur Terre, constituant ainsi une quatrième sphère à part entière : la biosphère.

On notera au passage que, dans cet écosystème planétaire, l'hydrosphère, la lithosphère, l'atmosphère et la biosphère sont complètement interpénétrées ; elles tissent entre elles des liens multiples et complexes. L'énergie du Soleil crée par exemple des différences de température à la surface du globe, ce qui met en mouvement l'atmosphère (vents) ainsi que l'hydrosphère (vagues, courants marins) ; l'énergie solaire permet également l'évaporation — c'est-à-dire une transformation de l'eau liquide en vapeur d'eau, permettant un passage de l'hydrosphère à

L'équation de la vie sur Terre : énergie + atmosphère + hydrosphère + lithosphère = biosphère

Le *biotope* est la partie abiotique (c'est-à-dire non vivante) d'un écosystème. Le biotope terrestre est constitué de trois composantes distinctes : l'atmosphère, la lithosphère et l'hydrosphère. Ces trois sphères comprennent d'immenses réservoirs d'eau, de carbone, d'oxygène, d'azote ou encore d'autres éléments minéraux qui peuvent être présents sous différentes formes : roches, ions en solution dans des liquides, gaz… Interagissant avec la lumière du Soleil, ces trois sphères abiotiques ont permis l'émergence de la vie sur Terre, qui constitue une quatrième sphère à part entière : la biosphère. L'apparition de la vie est possible en particulier grâce au rôle fondamental des organismes producteurs chlorophylliens (autrement dit les végétaux). Ces derniers ont la caractéristique de pouvoir transformer, par le biais de la photosynthèse, les éléments abiotiques (comme le carbone de l'atmosphère) en matière vivante.

L'ensemble des êtres vivants d'un écosystème constitue ce qu'on appelle la *biocénose*.

Figure 1. **Représentation schématisée du modèle géochimique des écosystèmes**

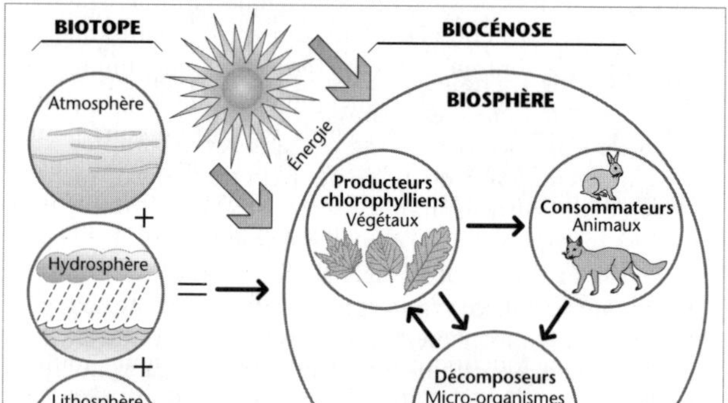

l'atmosphère — puis la pluie —, c'est-à-dire un retour de l'eau de l'atmosphère vers l'hydrosphère, voire vers la croûte superficielle de la lithosphère au sein des nappes phréatiques. Bien entendu, tout au long de ce cycle de l'eau, les êtres vivants constituant la biosphère interviennent également, absorbant, transformant et rejetant une partie de cette eau dont ils sont par ailleurs partiellement constitués.

Sans cesse, dans ce cycle de l'eau, les molécules constituées d'hydrogène (H) et d'oxygène (O) circulent donc entre les êtres vivants de la biosphère ; et elles peuvent également être véhiculées sous différentes formes à travers ces immenses stocks que sont l'hydrosphère, l'atmosphère et la lithosphère. Il en va d'ailleurs sensiblement de même pour quatre autres éléments : l'azote (N), le carbone (C), le phosphore (P) et le soufre (S). Ces six éléments chimiques constituent les briques de base dont sont constitués tous les êtres vivants. Ils se combinent d'une multitude de manières pour donner naissance à des formes de vie d'une variété quasi infinie. Et comme, contrairement à l'énergie solaire qui est « inépuisable », ces briques de base sont présentes sur Terre en nombre limité, il faut continuellement les recycler (démonter les molécules pour en extraire les éléments) et disposer de vastes réservoirs pour les stocker (des sortes d'entrepôts que sont l'atmosphère, l'hydrosphère, la lithosphère et la biosphère). Dans ce *turnover* continu, les êtres vivants et les écosystèmes s'apparentent à une usine d'assemblage dans laquelle les molécules sont constamment montées, démontées, recyclées, stockées puis remontées à nouveau.

L'écosystème fonctionne donc de manière cyclique : toutes les briques de base de la vie circulent et peuvent être stockées entre les différents réservoirs de la biosphère (sous forme de molécules organiques), de la lithosphère (sous forme de sels cristallisés), de l'hydrosphère (sous forme d'ions solubles) ou même de l'atmosphère (sous forme de gaz). Ces cycles, qui font intervenir aussi bien des êtres vivants que des processus géologiques, sont connus sous le nom de cycles biogéochimiques : cycles de l'azote, du carbone, de l'oxygène, etc.

En conclusion, on retiendra que la Terre agit *grosso modo* comme un vaste capteur d'énergie solaire : elle reçoit de l'énergie

Un exemple de « stockage » : le cas du carbone

Le carbone, élément fondamental de la vie sur Terre, circule entre chacune des quatre sphères constitutives de la planète :

— la *lithosphère* constitue de loin le stock le plus important de carbone. Ce dernier y est essentiellement stocké sous forme de roches sédimentaires marines ou terrestres (10 000 000 gigatonnes [Gt], c'est-à-dire 10 000 000 milliards de tonnes), et beaucoup plus marginalement sous la forme d'hydrocarbures (composés organiques contenant du carbone et de l'hydrogène) (5 000 Gt) ;

— l'*hydrosphère* constitue le deuxième stock de carbone (39 000 Gt). Dans les océans, le carbone est notamment présent sous la forme d'ions solubles. Il s'associe aux ions de calcium pour former des bicarbonates solubles, forme chimique dissoute du carbone la plus présente dans l'hydrosphère ;

— l'*atmosphère* contient également du carbone, cette fois-ci sous forme gazeuse, en quantité plus réduite : environ 770 Gt, dont 760 Gt de CO_2 (dioxyde de carbone), et 10 Gt de CH_4 (méthane) ;

— enfin, la *biosphère* comprend environ 610 Gt de carbone. Le carbone de la biosphère est celui qui est constitutif des êtres vivants. Il est parfois qualifié d'organique, par opposition au carbone contenu dans les autres sphères inorganiques [Kump *et al.*, 1999].

La part du carbone organique est donc très faible dans le bilan total. Pourtant, ce carbone organique joue un rôle fondamental dans le cycle de la vie. Constamment, les molécules de carbone sont échangées et recyclées entre les êtres vivants, notamment *via* le double phénomène de photosynthèse-respiration (voir pages suivantes).

du Soleil sous forme de rayonnements, et cet écoulement d'énergie qui traverse l'écosystème terrestre permet à tout un ensemble de processus physiques et organiques de s'enchaîner les uns les autres, formant une vaste ronde dans laquelle les organismes vivants (constituant la biosphère) jouent un rôle primordial.

L'économie de la nature (biosphère) : producteurs, consommateurs... et recycleurs

Comme dans une usine d'assemblage, les êtres vivants forment donc une longue chaîne. Le meilleur exemple en est la chaîne alimentaire, dans laquelle des organismes très simples comme les planctons captent la lumière solaire et la transforment en matière organique, qui sera elle-même consommée par un organisme plus complexe… Les briques de base s'échangent ainsi sans cesse entre les êtres vivants de la chaîne alimentaire. Ce cycle de la vie repose en particulier sur les échanges complémentaires entre trois types d'organismes : les producteurs primaires (végétaux), les consommateurs (animaux) et les décomposeurs.

Les producteurs primaires, ou autotrophes : la magie de la photosynthèse

Commençons par le commencement, c'est-à-dire par les producteurs primaires. Ce sont eux qui sont à l'origine de la vie sur Terre et qui servent de base à toute la chaîne alimentaire. Ces organismes peuvent être très simples, constitués parfois seulement de quelques cellules : c'est le cas par exemple de certains phytoplanctons. Mais il peut également s'agir d'organismes beaucoup plus complexes comme les algues, les arbres, les plantes de toutes sortes : bref, tout ce qui relève du règne végétal. Ces organismes végétaux sont qualifiés d'autotrophes car ils ont la particularité commune de pouvoir synthétiser la lumière du Soleil et les éléments non organiques contenus dans l'air ou dans le sol pour les transformer en matière vivante et organique. Ce phénomène de transformation est plus connu sous le nom de photosynthèse (ou assimilation chlorophyllienne).

En présence d'eau et de lumière solaire, cette assimilation chlorophyllienne permet en effet aux végétaux de capter certains éléments minéraux, comme le carbone de l'atmosphère (CO_2), afin de synthétiser des substances organiques, comme les glucides. Ce qui revient à transformer l'énergie du Soleil en énergie chimique et les éléments minéraux en éléments organiques. Cette opération de photosynthèse produit en retour de l'oxygène libre (O_2) qui est rejeté par les plantes dans l'atmosphère.

Rien ne serait donc possible dans le cycle de la vie sans cette impulsion initiale donnée par les producteurs primaires autotrophes et qui permet, grâce à la photosynthèse, de transformer les éléments minéraux en matière vivante.

Les consommateurs, ou hétérotrophes

Outre les producteurs primaires (végétaux), la longue chaîne de la vie est également constituée d'organismes souvent plus complexes dont font partie les animaux. La photosynthèse du règne végétal fournit ainsi la base indispensable à l'épanouissement du règne animal : elle fournit à la fois l'oxygène nécessaire à leur respiration, mais aussi la matière vivante qui sert de base à leur nourriture.

Dans un écosystème marin par exemple, le phytoplancton constitue le premier niveau de la chaîne trophique (niveau 1). Cet organisme autotrophe, qui grâce à la lumière solaire fabrique sa propre matière organique à partir d'éléments minéraux contenus dans l'eau, sert ensuite de nourriture à différentes formes d'animaux, dont certains zooplanctons et crustacés (niveau 2). Ces derniers seront eux-mêmes mangés par des poissons comme des sardines (niveau 3), qui seront dévorées à leur tour par de plus gros poissons, comme par exemple les thons (niveau 4). Dans cette chaîne alimentaire, les crustacés jouent à la fois le rôle de consommateur (ils consomment le plancton issu de la photosynthèse) et de producteur « secondaire » (ils constituent en effet la nourriture de la sardine, qui elle-même sera mangée par plus gros qu'elle). Tout au sommet de cette chaîne alimentaire se trouve évidemment l'homme, dont nous aurons largement l'occasion de reparler par la suite.

Les décomposeurs, ou recycleurs

Il va sans dire que, pour former non seulement une *chaîne* mais bien un *cycle*, un troisième type d'organisme est nécessaire : ce sont les décomposeurs. Insectes, vers, champignons, bactéries, algues... Ces organismes, souvent minuscules, vont s'attacher à tronçonner les différents déchets organiques complexes produits par le cycle de production-consommation des végétaux et des animaux. Organismes morts, urine, excréments : tout cela est attaqué, digéré, disséqué par les organismes décomposeurs. En présence d'oxygène, comme par exemple dans le cas d'un sol forestier, une décomposition quasi complète peut ainsi être opérée. Les décomposeurs (vers de terre, champignons, micro-organismes) agissent alors un peu comme les ouvriers d'un atelier

Le cycle court du carbone organique et le couple photosynthèse-respiration

Comme nous l'avons noté dans l'encadré précédent, le carbone de la biosphère (carbone organique) ne représente qu'une faible partie du carbone présent sur Terre. Pourtant, ce carbone est un élément constitutif primordial des êtres vivants. Les molécules de carbone sont sans cesse échangées et recyclées entre ces êtres vivants, notamment *via* le double phénomène de photosynthèse-respiration :

— d'un côté, la *photosynthèse* permet aux végétaux d'utiliser l'eau (H_2O) et la lumière du Soleil pour fabriquer de la matière organique à partir du CO_2 (atmosphérique ou marin) : le carbone est alors fixé dans les végétaux sous la forme d'hydrates de carbone (CH_2O pour la forme la plus simple). En échange de cette fixation de carbone, les végétaux libèrent de l'oxygène (O) dans l'atmosphère (ou l'océan) :

$$\textit{énergie solaire} + CO_2 + H_2O \Rightarrow CH_2O + O_2 ;$$

— de l'autre côté, l'oxygène libre rejeté par les plantes permet aux animaux de respirer. La respiration procède d'un processus inverse à la photosynthèse : il s'agit d'un phénomène de combustion de la matière organique (la « nourriture » des animaux) rendu possible grâce à l'oxygène. Ce processus rejette du CO_2 et de l'eau, qui à leur tour seront rendus disponibles pour la photosynthèse :

$$CH_2O + O_2 \Rightarrow CO_2 + H_2O.$$

Mais le cycle n'est pas tout à fait terminé. Les déchets carbonés et les parties « mortes », produits par ces éléments organiques, sont décomposés par des micro-organismes, des champignons et des bactéries qui « tronçonnent » les molécules pour les rendre à nouveau disponibles : soit en présence d'oxygène (aérobie), soit en absence d'oxygène (par fermentation anaérobie). Ce cycle de circulation du carbone entre les êtres vivants (producteurs-consommateurs-recycleurs) constitue ce qu'on appelle le cycle court du carbone organique.

de déconstruction des matières organiques (feuilles mortes, cadavres, excréments) : ils déboulonnent chacune de ces structures complexes pour en extraire les matériaux de base, les briques de construction essentielles qui pourront ensuite être rapidement réutilisées dans le cycle de la vie. On parle alors de « cycle court » puisque, au sein de la biosphère, la plupart des atomes sont interchangés dans des délais inférieurs à quelques décennies. Le temps de résidence du carbone dans l'atmosphère est très variable : celui du CO_2 est difficile à déterminer du fait de la variabilité des taux d'absorption des différents processus d'élimination, mais celui du méthane est en moyenne de douze ans. Cependant, celui du perfluorométhane (CF_4), molécule de synthèse, est supérieur à 50 000 ans [GIEC, 2001] ! Dans la partie

Figure 2. **Schéma simplifié du fonctionnement de la biosphère**

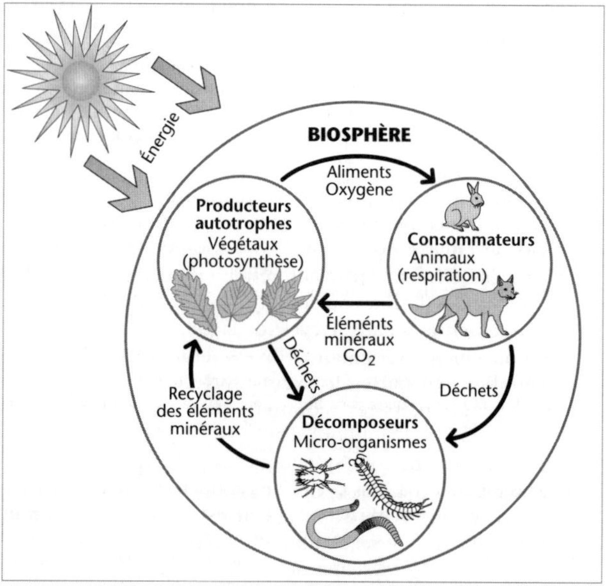

En présence d'eau, une partie de l'énergie du Soleil est utilisée par les « producteurs » primaires, c'est-à-dire les végétaux, pour synthétiser de la matière organique à partir de la matière minérale (notamment le CO_2) qui est contenue dans l'atmosphère et l'hydrosphère. Ce phénomène, appelé assimilation chlorophyllienne ou photosynthèse, produit ainsi de l'oxygène et des aliments qui sont rendus disponibles pour permettre la respiration des organismes hétérotrophes (« consommateurs ») que sont les animaux. La respiration des animaux s'apparente à une forme de combustion d'énergie (d'aliments) en présence d'oxygène : elle produit en retour du CO_2 et un certain nombre d'éléments minéraux qui sont à leur tour rejetés dans l'atmosphère ou l'hydrosphère et rendus disponibles pour les végétaux. Enfin, ce cycle produit un certain nombre de déchets (excréments, urine, organismes morts) qui sont désassemblés par un troisième groupe d'organismes composé essentiellement de bactéries et de champignons : les décomposeurs. Ces derniers tronçonnent les molécules « déchets » afin de rendre les éléments minéraux qu'ils contiennent à nouveau disponibles pour les plantes.

Source : inspiré par de Rosnay [1975] et Fischesser et Dupuis-Tate [1996].

superficielle de l'hydrosphère, ce temps de résidence du carbone atteint presque 300 ans et il peut dépasser 100 000 ans dans l'océan profond (> 100 mètres) voire 200 millions d'années dans la lithosphère.

En l'absence d'oxygène (ce qui est le cas au fond d'un lac par exemple), la décomposition des déchets et des organismes morts est plus lente et partielle. Dans certains cas, une fraction de cette biomasse non intégralement décomposée va alors progressivement être incorporée aux sédiments, échappant pour un temps au recyclage de la biosphère et formant sur des périodes de plusieurs millions d'années des réserves de tourbe, de gaz, de charbon ou encore de pétrole. En l'absence d'exploitation humaine, ces éléments peuvent rester enfouis dans la lithosphère durant des dizaines ou des centaines de millions d'années avant d'être réinsérés dans le cycle de la vie, par suite d'érosion ou de mouvements géologiques divers (éruptions volcaniques par exemple). On parle alors de « cycle long » puisque les éléments piégés dans les sédiments peuvent rester enfouis plusieurs centaines de millions d'années.

Enfin, à l'instar de tout système, l'écosystème ne se caractérise pas seulement par des cycles de production, de consommation, de recyclage et de stockage. Il est également doué de certaines propriétés de régulation et de rétroaction qui permettent à l'ensemble du système de conserver un équilibre dynamique. Les cycles biogéochimiques sont ainsi régulés de façon à ce que l'évolution trop rapide d'une variable entraîne en réaction la modification d'une (ou de plusieurs) autre(s) variable(s), ce qui permet ainsi au système de se rééquilibrer continuellement.

L'économie humaine, un sous-système de la biosphère

Nous avons volontairement exclu jusqu'à présent l'homme de cette description très synthétique de l'écosystème terrestre. En tant qu'animal, l'être humain occupe pourtant une place parmi les éléments de la biosphère. Mais, du fait du développement d'activités techniques et économiques tout à fait spécifiques à notre espèce, la place que nous occupons dans la biosphère est devenue particulièrement prépondérante : c'est pour cette raison que nous la traitons à part. Cette particularité ne doit néanmoins pas nous faire oublier que la sphère des activités humaines (l'« éconosphère ») est intimement dépendante de la biosphère dont elle tire son énergie et ses matières premières. Il n'est d'ailleurs pas inintéressant de constater que l'éconosphère présente nombre de similitudes avec la biosphère.

L'éconosphère : producteurs, consommateurs

Économie et écologie tirent leurs racines étymologiques du même mot : *oïkos*, qui signifie « domaine » en grec. Mais ce domaine, cette maison, a ici deux significations bien différentes : l'écologie, nous l'avons vu, est la science (*logos*) qui étudie le lien entre les êtres vivants et leur *milieu*. De son côté, l'économie établit un ensemble de règles (*nomos*) qui régissent les échanges opérant au sein de la *société humaine*. Dans le premier cas, le « domaine » renvoie donc au milieu naturel tandis que, dans le second cas, ce mot renvoie par extension à la société. Cette précision n'est pas inutile car elle nous permet de rappeler avant toute chose que, contrairement à celles de l'écologie, les règles de l'économie n'ont rien de naturel ou de systématique : elles sont avant tout le fruit de choix humains. Parmi ces choix, c'est aujourd'hui celui de l'économie dite de marché (ou « avec » marché) qui prédomine.

En simplifiant à l'extrême, les échanges au sein de cette « économie de marché » peuvent être représentés comme des flux s'écoulant entre deux types d'agents qui, par certains aspects, s'apparentent aux acteurs des écosystèmes : les producteurs (entreprises, par exemple) et les consommateurs (ménages, entreprises ou administrations, par exemple). Ce qu'on appelle le « marché » est le système au sein duquel sont échangés :

— des flux de matière et d'énergie d'un côté (des biens et des services) ;

— et des flux financiers de l'autre (l'argent qui sert de monnaie d'échange en contrepartie des biens et des services fournis).

Comme dans l'écosystème, ces échanges sont accompagnés d'un mécanisme de régulation. En théorie, l'offre, c'est-à-dire l'ensemble des productions offertes à la vente, est confrontée à la demande. L'équilibre entre les deux est supposé déterminer le prix de ces biens ou services ainsi que la quantité échangée. Ainsi, selon la rareté plus ou moins grande d'une ressource, un déséquilibre entre l'offre et la demande peut se créer : la quantité échangée diminue (ou croît) et les prix augmentent... ou baissent.

Ce système d'échange de biens et de services n'est pas un système clos. D'une part, pour fonctionner, il lui faut des institutions qui ont pour rôle d'établir des règles et veiller à leur respect (puissance publique). D'autre part, il doit opérer une ouverture sur la sphère sociale, en particulier par le biais du marché du travail. En effet, l'individu (consommateur de biens et services) est également producteur dans le cadre de son activité professionnelle : il produit un travail que l'on peut assimiler à une forme de flux d'énergie. Travail en échange duquel il perçoit une certaine quantité d'argent (un salaire, par exemple). Si aucun facteur institutionnel ne venait réguler la quantité et le prix du travail (les salaires), le déséquilibre entre offre et demande se traduirait par une augmentation... ou une baisse des salaires ! Par extension, le marché du travail désigne donc le système qui met en relation l'offre et la demande d'emplois.

Par bien des aspects, le système socioéconomique s'apparente donc au système écologique. Il est constitué de consommateurs et de producteurs, il comporte des réservoirs (capitaux financiers et savoir-faire, non figurés sur le schéma ci-après), il fonctionne selon une dynamique d'échanges de flux (de matière et d'énergie d'un côté, d'argent de l'autre), le tout opérant au sein d'un système qui présente certaines formes de régulations et d'équilibres (marché du travail et marché des biens et services).

Biosphère et éconosphère : les conditions de la soutenabilité

Pendant de longues décennies, le système socioéconomique a donc été considéré par nombre d'économistes comme un système autonome, une mécanique parfaitement huilée se développant plus ou moins « hors sol », c'est-à-dire sans considération particulière pour son environnement naturel — qu'on ignorait tout bonnement ou qu'on supposait au mieux comme n'étant pas un facteur limitant.

Figure 3. **Schéma simplifié du fonctionnement de l'éconosphère de marché**

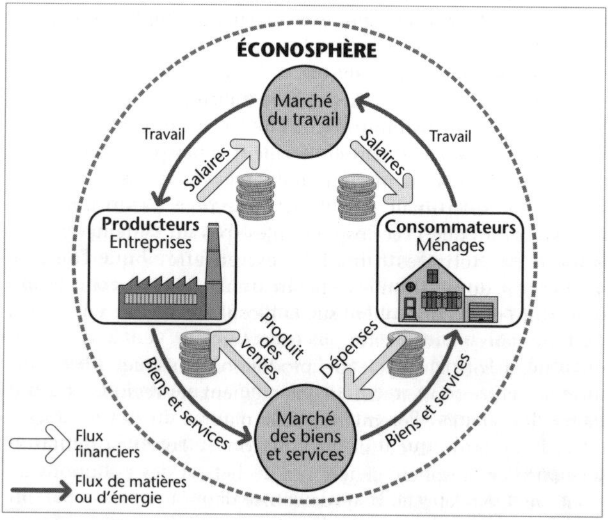

Source : inspiré par de Rosnay [1975].

Pourtant, le lecteur n'aura pas manqué de remarquer que, en comparaison de la biosphère, il manque à l'éconosphère telle que nous l'avons décrite dans les pages précédentes quelques éléments fondamentaux et en particulier une source d'énergie et de matières premières, et des organismes décomposeurs — recycleurs pour assimiler les déchets qu'elle produit.

Sur ce dernier point, on notera que tout un secteur d'activité s'est développé depuis le milieu des années 1970 autour du traitement et de la valorisation des eaux usées, des effluents atmosphériques et des déchets. Ce secteur peut, en quelque sorte, être considéré comme jouant le rôle des « décomposeurs » puisqu'il a pour objectif de réduire la pollution émise par les activités humaines et de valoriser l'énergie ou la matière contenues dans les biens considérés comme déchets par leurs utilisateurs [Navarro, 2003]. Cependant, les filières de traitement des déchets ont d'importants besoins en énergie secondaire : contrairement aux bactéries et champignons, les professionnels des déchets ne peuvent se contenter de consommer des déchets pour exercer leur activité. D'autre part, le « zéro déchet » n'existe pas dans la sphère anthropique : les professionnels des déchets génèrent eux-mêmes des résidus, qui doivent en bout de course être stockés dans le milieu naturel.

Le système économique compte en grande partie sur le système écologique (et particulièrement la biosphère) pour jouer le double rôle d'alimentation en énergie et matières premières, et d'assimilation finale des déchets que nous produisons. Cela revient à dire que l'éconosphère n'est pas un système clos : la sphère des activités humaines est en effet ouverte sur la biosphère, dont elle n'est en fait qu'un sous-système. Cette ouverture de l'éconosphère sur la biosphère s'opère en particulier aux deux niveaux cités précédemment :

— en amont du cycle de production puisque, pour fonctionner, l'éconosphère tire inévitablement ses ressources vitales (énergie et matières premières) de la nature ;

— en aval du cycle de production et de consommation, puisque l'éconosphère génère des déchets et des pollutions qui sont ensuite rejetés en bout de course dans la nature.

La sphère des activités économiques est donc incluse dans la sphère des activités humaines, elle-même comprise dans la biosphère. Comme le remarquait René Passet il y a déjà bien longtemps, la conséquence de cette relation d'inclusion est que l'activité économique ne saurait continuer à se développer sur le long terme si la biosphère venait à être trop gravement endommagée [Passet, 1979]. C'est évidemment cette inquiétude qui est à l'origine des réflexions sur la soutenabilité. Car la biosphère comporte certaines limites : l'énergie et les matières premières qui alimentent le système de production ne sont pas infinies et présentent des capacités de renouvellement limitées ; l'humanité ne peut donc pas consommer durablement davantage de ressources que la nature est capable d'en régénérer, notamment par le biais de la photosynthèse. C'est précisément parce qu'ils ont ignoré ce principe et qu'ils ont utilisé davantage de bois que la forêt était capable d'en régénérer que les Pascuans ont fini par dégrader de manière irréversible leur écosystème… ce qui a mené à l'effondrement de leur civilisation.

Figure 4. **Éconosphère et biosphère : l'économie humaine, un sous-svstème du système écologique**

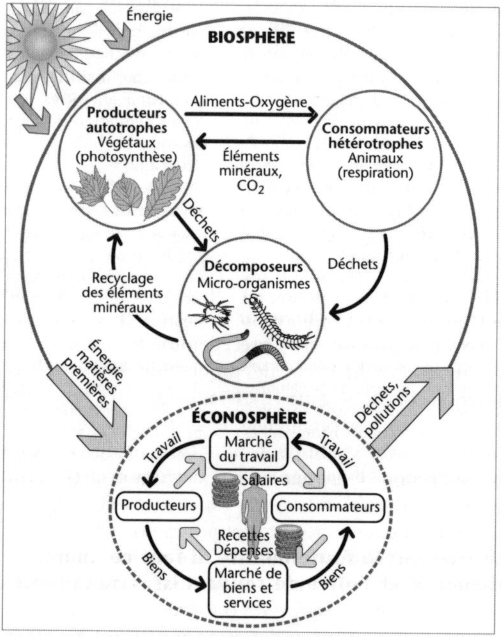

L'homme est un animal, donc un « organisme hétérotrophe ». C'est-à-dire qu'il tire son énergie d'autres organismes vivants : les autres animaux de la chaîne alimentaire (bétail, gibier, poissons…) et les végétaux (céréales, légumes, fruits…) dont il se nourrit. Pour son alimentation et sa respiration, l'homme est donc totalement dépendant des cycles biologiques impulsés par la photosynthèse. Au fil du temps, toutefois, les éléments de consommation humaine ont largement dépassé la simple satisfaction des besoins de base liés à l'alimentation et à la respiration. Aujourd'hui, l'éconosphère mobilise quantité d'énergie et de matières premières destinées à des activités aussi diverses que l'habillement, le chauffage, le logement, les loisirs ou encore les déplacements. L'éconosphère ne s'est pas pour autant affranchie de la sphère écologique. Au contraire, pour s'opérer, les activités humaines nécessitent de mobiliser une quantité croissante de capital naturel :

— d'une part pour alimenter les systèmes de production (matières premières, énergie) ;
— d'autre part pour assimiler les déchets et les pollutions générés par la production et la consommation.

La question qui se pose à nous est alors la suivante : quelle quantité de capital naturel est nécessaire pour assurer cette double fonction ? Et l'éconosphère mobilise-t-elle aujourd'hui davantage de services issus de la nature que celle-ci peut en régénérer ?

Soutenabilité faible ou forte ?

Les tenants de la soutenabilité forte soutiennent qu'une génération donnée doit léguer aux générations qui la suivront l'intégralité du capital naturel dont elle a elle-même hérité. Cela revient à dire que la consommation de services issus de la nature ne doit pas dépasser leur capacité de régénération. Pour illustrer cette approche, Mathis Wackernagel et William Rees utilisent l'image d'un seau d'eau qui serait rempli à un rythme constant. « L'eau dans le seau est un capital sur lequel on peut tirer seulement à la vitesse à laquelle le seau se remplit. Ce taux de retrait équilibré est une forme de revenu durable. Par analogie, disons que la nature est un seau continuellement réapprovisionné par le Soleil : la photosynthèse produit la matière végétale, la base de tout le capital biologique et de presque toute autre forme de vie ; et les cycles climatiques, hydrologiques et les autres cycles biophysiques sont aussi actionnés par le Soleil. La soutenabilité signifie que le capital de la nature ne doit pas être utilisé plus rapidement qu'il ne peut être remplacé » [Wackernagel et Rees, 1999, p. 54]. Selon l'équation de la p. 39, cela revient à dire que (1) doit être inférieure à (2).

De leur côté, les tenants de la soutenabilité faible considèrent que le capital naturel peut être entamé à condition de compenser cette perte par une autre forme de capital artificiel. Dans ce cas, (1) peut être supérieure à (2) si le déficit de capital naturel est compensé. Il va sans dire que cette approche diverge fortement de la précédente. Mais, dans les deux cas, il est particulièrement important de pouvoir quantifier de manière précise les deux composantes de notre équation : (1) et (2).

Pour mesurer la soutenabilité, il faut comparer la demande et l'offre de services issus de la nature

Nous l'avons vu, pour fonctionner, la sphère des activités humaines mobilise une multitude de « services », qui sont gratuitement fournis et régénérés par la biosphère — par *services*, nous entendons ici la faculté qu'ont certains éléments naturels à être utiles, et utilisés, par les êtres humains pour pourvoir à leurs besoins et modes de vie : les ressources naturelles de toutes sortes, mais aussi les capacités d'épuration nécessaires pour assimiler nos déchets ; utilité qui leur confère alors une certaine « valeur d'usage ». Dès lors, la question fondamentale de la soutenabilité peut être posée en ces termes : *l'éconosphère mobilise-t-elle aujourd'hui davantage de services issus de la biosphère que celle-ci peut en régénérer ?*

Pour répondre à cette question centrale, il nous faut inévitablement connaître et comparer deux éléments :

1) la quantité de services issus de la biosphère nécessaire pour faire fonctionner l'éconosphère (la « demande de nature ») ;

2) la quantité de ces mêmes services que la biosphère est capable de régénérer (l'« offre de nature »).

L'équation est alors simple : si (1) est supérieure à (2), alors cela signifie que le capital naturel se dégrade.

Comme nous allons le constater dans le chapitre à venir, cette équation à deux composantes (offre *versus* demande) est précisément celle qui fonde le système comptable de l'empreinte écologique.

III / Comprendre l'empreinte écologique : principes généraux

Dans l'introduction de cet ouvrage, nous avons proposé de définir l'empreinte écologique comme un *indice synthétique de soutenabilité*. De quoi s'agit-il exactement ? Quelles sont ses hypothèses fondatrices ? Comment fonctionne-t-il ? Quelles sont ses principales forces ? Et, au contraire, quelles sont ses lacunes ?

Avant de répondre à ces questions, il n'est pas inutile de rappeler que l'empreinte écologique a été élaborée au tout début des années 1990 par Mathis Wackernagel et William Rees dans le cadre d'une thèse de doctorat en planification urbaine de l'université de Colombie-Britannique. Les deux auteurs cherchaient alors à élaborer une méthode de quantification physique de la soutenabilité susceptible d'aider les preneurs de décision à mieux appréhender ces enjeux. Il s'agissait en particulier de proposer dans le domaine de la soutenabilité écologique une information sensiblement équivalente à celle qui peut être fournie dans le domaine du développement économique par certains indicateurs monétaires, comme par exemple le produit intérieur brut (PIB).

Évaluer la soutenabilité exige que nous puissions répondre à une question relativement simple : *l'éconosphère mobilise-t-elle davantage de services issus de la biosphère que celle-ci peut en régénérer ?* Et, pour répondre à cette question centrale, nous avons insisté sur le fait qu'il nous fallait connaître et comparer deux choses :

L'analogie avec le PIB : une grandeur synthétique qui mesure l'activité de l'éconosphère

Le parallèle avec le PIB mérite d'être développé. Ce dernier mesure d'une manière très synthétique, sur la base d'une unité monétaire, l'activité économique d'une société humaine donnée (le plus souvent une nation) au cours d'une certaine période (en général une année). Afin de mieux comprendre la finalité du PIB, le schéma de la figure 3 nous est ici d'une aide précieuse : dans ses très grandes lignes, le PIB mesure la valeur ajoutée de l'ensemble des biens et services produits puis échangés au sein de l'éconosphère, à l'intérieur des limites géographiques d'un pays. Les échanges de ces biens et services se traduisent physiquement par des *flux d'énergie et de matière* (flèches contraires au sens des aiguilles d'une montre sur la figure 3). Partant du principe que la plupart de ces activités donnent lieu en contrepartie à un échange de *flux financiers* (salaires, dépenses, produits des ventes : flèches dans le sens des aiguilles d'une montre), le PIB repose sur l'hypothèse qu'il est possible de mesurer l'activité de l'éconosphère sous une forme monétaire. Cet indice fournit ainsi aux preneurs de décision une information à la fois très synthétique et facile à comprendre.

Cependant, le PIB présente en retour de sérieuses limites. Par exemple, les activités humaines ne faisant pas l'objet d'un échange monétaire ne sont pas comptabilisées. Plus ennuyeux encore, le PIB ignore en grande partie les phénomènes écologiques. La dégradation du capital naturel (l'épuisement des ressources fossiles par exemple) peut ainsi générer une augmentation du PIB annuel, alors qu'il s'agit d'une destruction de capital qui n'a en soi rien de positif pour l'humanité. Autrement dit, le PIB nous informe de manière quantitative sur une certaine forme de développement économique, mais il ne nous dit absolument rien sur le caractère soutenable (ou insoutenable) de ce développement.

Pour répondre à cette dernière question, il faut maintenant nous intéresser à la biosphère et donc laisser de côté les évaluations monétaires propres à l'éconosphère. Cette fois-ci, c'est le schéma de la figure 4 qui apparaît à son tour très éclairant : pour savoir si le développement de l'éconosphère est soutenable, il nous faut connaître la quantité de services issus de la biosphère nécessaire au fonctionnement de l'éconosphère (afin d'assurer la double fonction d'assimilation des déchets et de production de matière et d'énergie : flèches reliant la biosphère à l'éconosphère dans le schéma). C'est précisément cette quantité de « services issus de la biosphère » que l'empreinte écologique essaie de mesurer de manière synthétique et physique... avec, peu ou prou, nous le verrons, les mêmes avantages et inconvénients que le PIB : une information concise, pédagogique, mais qui présente inévitablement certaines lacunes.

1) la quantité de services issus de la biosphère nécessaire pour faire fonctionner l'éconosphère (c'est-à-dire la « demande » en ressources naturelles régénératives [1]) ;

2) la quantité de ces services que la biosphère est capable de régénérer (c'est-à-dire l'« offre » en ressources naturelles régénératives).

Avant de nous intéresser dans les chapitres suivants à ces deux aspects de l'équation, qui portent ici respectivement le nom d'*empreinte écologique* (chapitre V) et de *biocapacité* (chapitre IV), il nous faut d'abord faire le point sur les principales hypothèses qui fondent le système comptable de l'empreinte écologique.

Définitions, hypothèses et fondements du système comptable de l'empreinte écologique

Précisons avant toute autre chose que, même si les calculs d'empreinte écologique peuvent être entrepris à des échelles de territoire très variées, nous porterons tout au long de ce chapitre l'essentiel de notre attention sur le système de comptabilité nationale, qui est de loin le plus précis et le plus exhaustif.

Un indicateur synthétique : quelques rappels

Qu'est-ce qu'un indice synthétique (ou agrégé) ? Et, par extension, comment construit-on un tel outil ?

Pour simplifier, on pourrait commencer par comparer un indicateur synthétique à un tableau de peinture figurative : dans les deux cas (peinture et indicateur), il s'agit de représenter le plus fidèlement possible une réalité donnée. Évidemment, les outils mis à disposition du peintre et du statisticien sont fort différents : là où le premier dispose de crayons, de pinceaux, de gouache ou encore de toiles, le second compose avec des données statistiques, des recensements divers et variés ou encore des logiciels de gestion de données. Une autre différence

1. Rappelons ici que, par « ressources régénératives », nous entendons non seulement la capacité de renouvellement des ressources naturelles, mais également la capacité d'assimilation par la biosphère de certains déchets produits par les activités humaines qui sont biologiquement assimilables.

fondamentale tient à l'objet qui cherche à être figuré par les deux : l'artiste représente un modèle ayant une réalité physique visible (un paysage, un objet, une personne), alors que le statisticien cherche de son côté à figurer le plus souvent des idées ou des concepts (comme le développement d'une nation, sa richesse, son degré de soutenabilité). Mais, qu'il s'agisse de peinture figurative ou d'indicateurs, le but est bien dans les deux cas de construire une image qui représente, le plus fidèlement possible, une certaine réalité. Et, dans les deux cas, la représentation obtenue n'est jamais totalement parfaite ou objective : quelle que soit la maîtrise technique qui a permis sa réalisation, elle reste une représentation — c'est notamment ce que signifiait Magritte dans son célèbre tableau figurant une pipe en dessous de laquelle le peintre avait porté la mention écrite « Ceci n'est pas une pipe » : une manière de rappeler qu'un tableau figuratif ne fait que représenter l'image d'une réalité. De la même façon, un indicateur n'est rien d'autre qu'une forme de représentation d'une réalité, qui se veut la plus fidèle possible.

La première étape de réalisation d'un tableau de peinture consiste à choisir un sujet et à le traiter dans un cadre précis. De la même façon, la première étape de composition d'un indicateur composite consiste à définir précisément le cadre conceptuel dans lequel il opère — autrement dit, il s'agit de choisir ce que cet indicateur va représenter et ce qu'il va, volontairement ou non, omettre.

Délimitation du champ d'étude de l'empreinte écologique

Tout indicateur ou système de comptabilité opère en effet dans un cadre scientifique strictement défini. La délimitation claire de ce champ d'étude est particulièrement importante afin de ne pas créer de malentendu d'interprétation — ne pas faire dire à un indicateur ce qu'il ne dit pas. Là encore, le parallèle avec le produit intérieur brut apparaît assez pédagogique. Ce dernier ne mesure qu'une partie seulement de l'activité qui s'opère au sein de l'éconosphère : ne sont prises en compte que les opérations qui, au sein de la sphère des activités humaines, font l'objet d'un échange monétaire. En sont par définition exclues, par exemple, les actions bénévoles (non marchandes) ou les opérations de troc (non monétaires). On ne peut donc pas

Pourquoi un indicateur synthétique et pas une batterie d'indicateurs ?

Paul Valéry avait sans doute vu juste en affirmant que tout ce qui est simple est faux... alors que tout ce qui est complexe est inutilisable ! À elle seule, cette maxime suffit à résumer les avantages et inconvénients des indicateurs synthétiques — ou indicateurs composites, ou agrégés [Gadrey et Jany-Catrice, 2007]. Si l'on en croit l'INSEE, un indice synthétique « mesure la variation de la valeur d'une grandeur complexe définie comme agrégation d'un ensemble de grandeurs élémentaires » [INSEE, 2008]. Conçus pour synthétiser une information complexe, ces outils statistiques présentent le très grand avantage d'être pédagogiques et de rendre appréhensibles par tout un chacun des phénomènes ou des préoccupations qui sans cela seraient réservés aux seuls spécialistes. Mais, en retour, cette simplification de l'information se paie inévitablement d'un certain nombre d'écueils, tant sur le plan de la transparence que sur celui de l'exhaustivité. Ces deux critiques — transparence et exhaustivité — méritent d'être considérées plus en détail.

Sur le plan de l'exhaustivité, d'abord, il faut insister sur le fait que l'utilisation des indicateurs composites mériterait d'être systématiquement complétée par la mise à disposition d'informations plus exhaustives — par exemple sous la forme d'indicateurs non agrégés organisés en tableau de bord. Les indices composites doivent être considérés de ce point de vue comme des éléments d'information généraliste destinés à donner une vision d'ensemble — donc nécessairement grossière — d'un phénomène complexe. L'empreinte écologique n'échappe pas à cette règle : en faisant le choix de fournir une information synthétique dans le but de rendre plus facilement compréhensible la notion de soutenabilité, elle omet inévitablement un certain nombre de phénomènes qui mériteraient également d'être pris en compte. L'empreinte écologique est d'ailleurs souvent utilisée par les praticiens en complément de tableaux de bord environnementaux plus exhaustifs.

Sur le plan de la transparence, le principal enjeu consiste pour les indices synthétiques à faire en sorte que leurs finalités et leurs modes de construction soient clairement explicités et compris, afin que leurs limites soient parfaitement identifiées. Et c'est précisément ce besoin de transparence que nous allons tenter de satisfaire dans ce chapitre.

Nous verrons par ailleurs que le système de comptabilité de l'empreinte écologique fait face à ces critiques en dressant une image qui a probablement tendance à sous-estimer l'impact réel de l'humanité sur l'environnement mondial : l'image est légèrement déformée, certes, mais les conclusions que l'on peut en tirer restent probablement tout à fait valables.

reprocher au PIB d'ignorer ces données puisqu'elles se situent par définition hors de son champ d'étude, mais, en revanche, il serait abusif de considérer le PIB comme un indicateur quantitatif exhaustif de l'activité humaine, ou comme un indicateur de bien-être humain — ce qui équivaudrait dans les deux cas à une erreur d'interprétation.

L'empreinte écologique s'attache de son côté à représenter la quantité de capacité régénérative de l'écosystème qui doit être mobilisée pour fournir à l'éconosphère les ressources dont elle a besoin, et assimiler les déchets qu'elle produit. Cette partie régénérative de l'écosystème concerne donc essentiellement la biosphère. Ce qui revient à dire que les éléments du capital naturel qui ne peuvent se régénérer par le biais plus ou moins direct de la photosynthèse sont par définition exclus du champ d'étude de l'empreinte écologique : c'est par exemple le cas des minerais issus de la lithosphère ou encore d'une partie de l'eau de l'hydrosphère. Cela ne signifie évidemment pas que ces éléments de l'écosystème terrestre ne sont pas également importants sur les plans écologique ou économique. Simplement, tout comme le PIB limite son champ d'étude aux opérations faisant l'objet d'échanges monétaires, l'empreinte écologique limite son propre champ d'étude à cette partie régénérative et biologique de l'écosystème.

Pourquoi un tel choix ? D'abord parce que le capital naturel — ce concept clé qui est au cœur des enjeux de la soutenabilité — apparaît peu opérationnel et extrêmement difficile à définir de manière synthétique. *Grosso modo*, on peut considérer le capital naturel comme incluant tous les aspects naturels matériels de la planète nécessaires à l'humanité, avant leur transformation par les activités humaines. Certains auteurs pensent qu'une façon de rendre ce concept plus opérationnel consiste à réduire le capital naturel à ses éléments les plus essentiels, ce qu'on appelle parfois le « capital naturel critique » [Ekins *et al.*, 2003]. Et, par réduction, on peut s'accorder sur le fait que l'aspect le plus important et le plus critique du capital naturel réside dans la capacité de la Terre à fournir des conditions favorables au maintien de la vie telle que nous la connaissons actuellement. Comme le notent les concepteurs du système comptable de l'empreinte écologique, « ces conditions nécessaires au maintien de la vie dépendent d'un très large panel de paramètres tels que l'intensité de l'énergie solaire, la stabilité du climat, la disponibilité de certains éléments chimiques nécessaires à la vie (et l'absence d'autres qui sont toxiques), l'accessibilité à l'eau douce en quantité et en qualité, pour ne citer que quelques exemples. Ces capacités du capital naturel sont évidemment indispensables au maintien de la vie sur Terre. Autrement dit, ces éléments sont plus indispensables encore que d'autres composants du capital naturel tels que les minéraux enfouis sous la croûte terrestre et utilisés à des fins industrielles. C'est pour cette raison que nous appelons cette partie du capital naturel essentiel à la vie "capital naturel vital" [*life-supporting natural capital*] » [Wackernagel *et al.*, 2005]. C'est notamment cette partie du capital naturel qui assure la capacité régénérative des écosystèmes, à savoir la capacité de renouvellement des ressources issues de la biomasse (c'est-à-dire de l'ensemble des organismes vivants, animaux ou végétaux) ainsi que l'assimilation des déchets.

Hypothèses de conception de l'empreinte écologique

L'empreinte écologique cherche donc à représenter la quantité de capacité régénérative de la biosphère nécessaire au fonctionnement de l'économie humaine pendant une année et pour une population données. Une fois ce cadre conceptuel clairement défini, les concepteurs de l'empreinte écologique se devaient de reproduire aussi fidèlement que possible l'image qu'ils s'étaient proposé de représenter. Pour construire cette image par le biais d'un indice synthétique, deux étapes sont alors incontournables :

— le recensement de l'ensemble des données nécessaires et/ou disponibles en vue de la construction de l'indice ;

— la normalisation de ces données afin de pouvoir les agréger et les exprimer en une unité de mesure commune.

Ces deux étapes correspondent à deux hypothèses fondamentales du système comptable de l'empreinte écologique [Wackernagel *et al.*, 2005] :

Deux méthodes : l'approche par composantes (*component based approach*) et la méthode par agrégation ou « macro » (*coumpound based approach*)

Les premiers calculs d'empreinte écologique utilisaient une approche par composantes (*component based approach*) qui consiste à identifier tous les biens et services consommés par une population donnée avant d'évaluer la quantité de flux biophysiques nécessaire à leur production en se fondant sur de nombreuses études d'analyse de cycle de vie des produits (ACV) — les ACV étant des bilans qui permettent d'évaluer la quantité de ressources mobilisées pour un produit et les pollutions générées, partant de l'extraction des matières premières jusqu'à l'enfouissement des déchets, en passant par la phase d'utilisation (« du berceau à la tombe »). Malheureusement, cette méthode présente de nombreux défauts : les ACV sont encore trop peu nombreuses, les méthodes utilisées peuvent différer et les procédés de fabrication d'un même produit peuvent avoir des impacts très variés, ce qui rend les généralisations difficiles.

Du fait de ces défauts, la méthode « macro » pour les calculs nationaux a été progressivement développée à partir de données statistiques nationales agrégées. C'est cette méthode qui est aujourd'hui utilisée pour le calcul de l'empreinte écologique des nations. L'avantage des données nationales est qu'elles fournissent directement une information sur la quantité de ressources consommées dans un pays sans avoir à en connaître le détail de chaque utilisation finale, ce qui rend la méthode à la fois plus exhaustive et plus simple. Par exemple, pour calculer l'empreinte écologique associée à la production de papier, la méthode par composantes nécessite de connaître la quantité de papier utilisée pour les différentes tâches, comme la bureautique, l'imprimerie, les utilisations domestiques, etc. [Wackernagel *et al.*, 2005] Or ces données sont généralement mal identifiées au niveau national. Avec la méthode « macro », les données concernant le volume total de papier utilisé au niveau national sont directement disponibles, sans qu'il soit nécessaire de les reconstituer.

Les ressources consommées sont identifiées et recensées à l'échelle des nations

Lorsque nous nous déplaçons, lorsque nous mangeons, lorsque nous travaillons ou lors de nos loisirs, bref, pour réaliser presque chacune de nos activités quotidiennes, nous mobilisons une quantité de matières premières et/ou d'énergie issue de la biosphère — ou ayant un impact direct sur elle. Cette sollicitation de la biosphère est quasi constante, mais elle s'opère sans que nous en ayons forcément conscience. Le système comptable de l'empreinte écologique des nations part du principe que :

1) les ressources consommées et les déchets générés par les économies nationales sont identifiables et qu'elles font l'objet d'un recensement exhaustif ;

2) ces données peuvent être exprimées en unités de mesure physiques — en poids (tonnes), en volume (mètres cubes) ou encore en unités énergétiques (MWh, joules).

Qu'il s'agisse d'énergie, d'alimentation ou de tout autre flux biophysique, les agences des Nations unies comme par exemple la FAO (Food and Agriculture Organization) ou l'AIE (Agence internationale de l'énergie) rassemblent chaque année une grande quantité de données statistiques. Au niveau national, la plupart des pays procèdent également à des recensements de flux biophysiques. La précision de ces bilans comptables ne cesse de s'améliorer au fil des ans, et la publication de plus en plus exhaustive de ces données a d'ailleurs amené le modèle de calcul de l'empreinte écologique à évoluer au cours des dix dernières années, passant d'une méthode dite « par composantes » (*component based approach*) à une méthode que nous qualifierons ici de « macro » (*compound based approach*) qui privilégie l'utilisation des données biophysiques nationales et internationales [Simmons *et al.*, 2000].

Les principales données mobilisées dans le calcul de l'empreinte écologique des nations sont présentées dans l'encadré ci-après. Il convient néanmoins de noter d'emblée que la précision même de l'empreinte écologique dépend en grande partie de la qualité et de l'exhaustivité des informations contenues dans les banques de données nationales et internationales. Pour reprendre l'analogie avec un tableau de peinture, disons que la précision de l'image finale dépend en grande partie de la qualité des matières premières mises à disposition : tubes de gouache pour le peintre, données statistiques pour le statisticien. Faute de mieux, le système comptable de l'empreinte écologique part donc du principe que ces données sont exactes et exhaustives, même si dans la réalité il est probable que cela ne soit pas tout à fait le cas — là encore, on notera simplement que même le PIB est très dépendant de la qualité des sources statistiques, qualité qui peut être très variable selon les pays ou les activités considérés.

Enfin, il est important de préciser dès à présent que l'empreinte écologique concerne la consommation d'un pays,

Les principales sources de données utilisées

Depuis plusieurs années, FAOSTAT, l'organisme chargé des statistiques à la FAO, publie une banque de données électronique standardisée intitulée *Food Balance Sheets*. Il s'agit aujourd'hui de l'une des principales sources de données permettant le calcul de l'empreinte écologique des nations à partir de la méthode « macro » (*compound based approach*). Cette banque de données a en effet permis de disposer d'un grand nombre d'informations concernant la production, l'importation et l'exportation de ressources sur un même et unique support de diffusion, là où il fallait auparavant réunir quantité de documents et de sources très hétérogènes. Ce document de synthèse a permis d'améliorer la fiabilité de l'empreinte écologique et d'en affiner l'analyse du point de vue du commerce et de la production, en plus de la consommation (en particulier depuis que certaines données permettent de distinguer les changements en termes de stocks, de production, de déchets et d'utilisations secondaires).

De nombreuses autres sources de données statistiques ont également permis d'améliorer la méthode de calcul au cours de la décennie passée, et ce dans des domaines aussi variés que les ressources forestières, l'énergie et la productivité des terres. C'est le cas par exemple du *Forest Resource Assessment 2000* [FAO, 2000a], du *Temperate and Boreal Forest Resource Assessment* [FAO et UNECE, 2000] et du *Global Fibre Supply Model* [FAO, 2000b] dans le domaine de la production forestière. Les données du FISHSTAT de la FAO [FAO, 2002] et celles produites dans le rapport *Livestock Environment Interactions* [Steinfeld et de Haan, 1997] ont de leur côté permis d'améliorer le recensement des productions et consommations de produits issus de la pêche. Dans le domaine de l'énergie, le *Statistical Review of World Energy 2004* [British Petroleum, 2004] est venu compléter les données de l'Agence internationale de l'énergie, notamment le *CO_2 Emissions From Fossil Fuel Combustion* [IEA, 2004]. Les données d'émissions de CO_2 sont obtenues à partir de plusieurs sources (notamment CDIAC [1999], IEA [2004]). Le dispositif *CORINE Land Cover Database* [EEA, 2000] a permis d'améliorer la connaissance de l'affectation des sols au niveau européen, complétant les observations internationales, qui restent les principales sources de données pour le reste du monde (notamment le *Global Agro-Ecological Zones 2000* [IIASA et FAO, 2000]). Enfin, les informations complémentaires sur les échanges commerciaux sont tirées pour l'année 2005 du rapport des Nations unies intitulé *UN Commodity Trade Statistic Database* [UNDESA, 2006].

Source : d'après Wackernagel *et al.* [2005].

c'est-à-dire sa demande finale, et non sa production. Autrement dit, l'empreinte d'un produit est attribuée au pays consommateur, quelle que soit la provenance du produit en question, et non au pays producteur. Cette demande finale peut être estimée en ajustant la production nationale en fonction du commerce international, comme nous le verrons plus en détail dans la suite de ce chapitre.

Les ressources consommées correspondent à des surfaces « bioproductives »

On entre ici au cœur du système comptable de l'empreinte écologique. La question qui se pose à nous est propre à tout indicateur composite : comment agréger entre elles des données aussi disparates que des quantités d'énergie, d'émissions de CO_2, de viande, de céréales, de coton ou encore de bois ? Comment additionner des tonnes, des mètres cubes ou encore des joules ? Pour ce faire, il faut procéder à ce que les statisticiens appellent un processus de normalisation, c'est-à-dire une opération qui vise à trouver une forme d'équivalence entre toutes ces données disparates pour les exprimer en une unité de mesure commune.

Comme nous l'avons démontré au cours du premier chapitre, l'essentiel des ressources biologiques qui permettent d'assouvir les besoins de l'humanité trouvent leur origine dans le processus de photosynthèse. La quantité de ressources issues de la biosphère est donc essentiellement dépendante de la quantité de surface disponible sur Terre pour capter la lumière du Soleil et utiliser cette dernière afin de produire de la matière organique par le biais de la photosynthèse. Les surfaces de sol et de mer dotées de cette capacité sont qualifiées de surfaces biologiquement productives, ou « bioproductives ».

Partant de ce constat, l'hypothèse centrale de l'empreinte écologique est que la quantité de ressources biologiques utilisée pour assouvir les besoins de l'humanité est directement liée à la quantité de surfaces bioproductives nécessaires pour régénérer les ressources et assimiler les déchets. Autrement dit, chaque type de consommation ou de production de déchets peut être évalué sous la forme d'une surface bioproductive qu'il convient de mobiliser pour produire ce service. Par exemple, il faut une certaine surface de pâturages pour produire chaque année une tonne de viande, ou une certaine surface d'espaces marins pour produire durant cette même période une tonne de thon, et ce bien entendu sans entamer le capital (en ne ponctionnant que la « plus-value »). Et, du fait de la chaîne alimentaire, on notera également qu'il faut davantage de surface marine, par exemple, pour produire une tonne de thon qu'une tonne de sardine, et davantage de surface de terre pour produire une tonne de viande qu'une tonne de céréales, etc. Enfin, il faut également une certaine quantité de surface bioproductive pour, par exemple, assimiler certains déchets comme le CO_2 qui est émis en surplus dans l'atmosphère du fait des activités humaines.

Ces deux premières hypothèses fondatrices nous permettent à présent de donner une définition un peu plus précise et exhaustive de l'empreinte écologique : il s'agit d'un indicateur synthétique qui représente la quantité de capacité régénérative de la biosphère nécessaire au fonctionnement de l'éconosphère pendant une année donnée, en termes de superficie correspondante de sols ou d'espaces aquatiques biologiquement productive devant être mobilisée pour répondre à cette demande sans entamer le capital naturel — en utilisant les technologies et les méthodes de production et de gestion des ressources en vigueur durant l'année en question.

Les différentes surfaces bioproductives peuvent être exprimées sous la forme d'une surface de productivité moyenne, l'hectare global

Pour séduisantes qu'elles soient, ces deux premières hypothèses se confrontent rapidement à un problème évident : les surfaces bioproductives présentes sur Terre sont extrêmement variables dans leur nature et elles offrent des degrés de « productivité » biologique [2] très hétérogènes. Ainsi, un hectare de sol dédié à la culture des céréales dans la région de la Beauce n'a ni la même fonction ni le même rendement de production qu'un hectare de forêt amazonienne ou un hectare d'alpage suisse. Or chacun de ces « écosystèmes » est susceptible d'être partiellement mobilisé pour répondre aux besoins de l'humanité. Pour pouvoir agréger ces surfaces et les comparer, il faut procéder à

2. Le terme « productivité » est utilisé ici selon l'acception utilisée par les sciences de la biologie et de l'écologie : il s'agit de la quantité de matière vivante, ou biomasse, formée pendant une année sur une surface déterminée [OLF, 2008]. Cette notion est donc assimilable à la notion de « rendement » en agriculture, c'est-à-dire le rapport entre la production végétale obtenue, en poids, en volume, voire en nombre d'individus, et une unité de surface déterminée [OLF, 2008].

une étape de standardisation, c'est-à-dire qu'il convient de donner à ces surfaces une valeur de productivité égale. Une fois de plus, on retrouve là un problème assez similaire à celui auquel sont confrontés les économistes avec le PIB : il existe différentes monnaies nationales et le coût de la vie est très variable d'un pays à l'autre, tant et si bien que, pour opérer des comparaisons entre nations, il convient d'évaluer les taux de change entre monnaies, avant de choisir une unité de mesure de référence (le dollar US en l'occurrence) et enfin procéder à des enquêtes sur le coût de la vie pour établir la « véritable valeur » d'un dollar US dans chaque pays — la parité de pouvoir d'achat. C'est seulement à partir de ce moment que les PIB/habitant des pays peuvent être comparés de manière pertinente.

Le système comptable de l'empreinte écologique part, quant à lui, du principe selon lequel, en pondérant chaque surface en fonction de sa productivité de biomasse utilisable, les différentes surfaces peuvent être exprimées en termes de surface standardisée ayant une productivité moyenne mondiale. Ces surfaces ainsi standardisées sont baptisées « hectares globaux » (hag). Rappelons tout d'abord qu'un hectare correspond à la surface d'un carré de 100 mètres de côté, c'est-à-dire 10 000 m^2. L'hectare global (hag) est donc l'unité de mesure utilisée pour exprimer l'empreinte écologique et la biocapacité des nations : il s'agit d'un hectare de surface bioproductive ayant une productivité de biomasse utilisable égale à la moyenne mondiale constatée sur une année donnée — on se référera au chapitre IV pour plus de détails.

Prenons l'exemple d'un pays imaginaire qui disposerait d'un million d'hectares de terres et de mers dont la productivité serait supérieure de 50 % à la moyenne mondiale. Ce pays aurait ainsi une surface bioproductive de 1,5 million d'hectares globaux. Inversement, un pays dont la productivité des sols serait inférieure à la moyenne aurait une surface bioproductive, exprimée en hag, inférieure à sa surface effective. Au niveau mondial, évidemment, surface réelle et surface exprimée en hag sont équivalentes.

Les hectares globaux peuvent être agrégés de manière mutuellement exclusive

Une fois ces différentes hypothèses posées, un dernier problème se présente à nous : comment comptabiliser des surfaces qui peuvent avoir différentes fonctions productives ? Comment s'assurer, en particulier, que ces surfaces « multifonctionnelles » ne sont pas comptabilisées plusieurs fois pour une surface de sol ou de mer donnée, ce qui conduirait à surestimer la demande globale ?

Pour éviter ces phénomènes, le système comptable de l'empreinte écologique part du principe que la demande totale en hectares globaux peut être agrégée à condition que toutes les surfaces bioproductives nécessaires pour fournir les ressources et assimiler les déchets d'une économie donnée soient additionnées de manière mutuellement exclusive. Autrement dit, les services issus de la nature (ressources, capacités d'absorption) ne sont comptabilisés qu'une seule fois pour une surface de sol ou de mer donnée. Pour ce faire, on distingue les fonctions productives dites « primaires » et les fonctions dites « secondaires » ; et, afin d'éviter les problèmes de double comptage, on ne prend en compte dans le système comptable de l'empreinte écologique que les fonctions primaires — ce qui ne signifie évidemment pas que les surfaces sont considérées par le système de comptabilité comme ne pouvant pas remplir plusieurs fonctions en même temps : une fois de plus, il s'agit simplement d'éviter les doubles comptages.

Pour mieux comprendre le problème, prenons l'exemple d'un espace forestier [Wackernagel *et al.*, 2005] : cette surface produit des ressources forestières diverses (essentiellement du bois), mais elle peut également servir à d'autres fonctions, comme par exemple le captage d'eau d'un système d'irrigation des cultures. Dans ce cas, le système de comptabilité de l'empreinte écologique ne va prendre en compte que la fonction primaire, correspondant à la production de bois, et pas la fonction secondaire de captation de l'eau. Là encore, rappelons que l'empreinte écologique fait face à un problème auquel le PIB n'a pas échappé puisque ce dernier, afin d'éviter les phénomènes de double comptage, ne comptabilise que les biens et services finaux.

Empreinte écologique et biocapacité peuvent être comparées

Ces différentes opérations permettent d'aboutir à un système comptable standardisé dans lequel :

— la demande humaine (empreinte écologique) peut être directement comparée à la capacité de production (biocapacité). En effet, les deux sont standardisées et exprimées dans la même unité (l'hectare global). Ainsi, les résultats agrégés peuvent être comparés, tout comme leurs diverses composantes ;

— la demande de surface peut dépasser la capacité de production. « Une empreinte écologique supérieure à la biocapacité indique que la demande humaine outrepasse la capacité régénérative du capital naturel disponible. Par exemple, si une forêt est exploitée à un niveau deux fois supérieur à sa capacité de régénération, l'empreinte écologique des produits issus de cette forêt est alors deux fois supérieure à la surface de la forêt en question. Cette surexploitation est baptisée déficit écologique. Les déficits écologiques peuvent être compensés de deux manières : soit par le biais des importations, ce qui se traduit par un déficit écologique commercial, soit, dans notre exemple de la forêt, par une surexploitation menant à une diminution du capital naturel (dépassement écologique) » [Wackernagel *et al.*, 2005, p. 7].

Voilà pour ce qui concerne le cadre d'analyse et les différentes hypothèses de conception du système comptable de l'empreinte écologique. Ces quelques éléments de cadrage et de définition suffisent à comprendre et interpréter correctement les résultats de l'empreinte écologique ; le lecteur quelque peu pressé pourra donc en rester là et passer directement au chapitre VI. Mais, pour les plus curieux, nous allons à présent entrer davantage dans le détail du mode de calcul des deux composantes fondamentales du système comptable : la biocapacité (l'offre) et l'empreinte écologique (la demande).

IV / La biocapacité

La biocapacité peut être sommairement définie comme la quantité totale de capacité régénérative de la biosphère qui peut être potentiellement mobilisée afin de répondre aux besoins humains. Avant d'entrer plus dans le détail, attardons-nous d'abord quelques instants sur cette notion assez spécifique de *capacité potentiellement mobilisable.*

La biocapacité mesure la quantité de capacité biologique potentiellement mobilisable à des fins humaines

Un écosystème, par exemple une forêt, produit chaque année par le biais de la photosynthèse une certaine quantité de matière organique se présentant sous différentes formes : du bois, des feuilles, des fruits, de l'écorce, des tiges ou encore des racines. Une manière relativement pratique de mesurer le bilan photosynthétique d'un tel écosystème consiste donc à calculer la croissance annuelle des végétaux, autrement dit la quantité de carbone absorbée et séquestrée par les différentes parties des plantes — ce qu'on appelle la production primaire nette (PPN). Néanmoins, une partie de cette production annuelle n'est pas utilisable à des fins humaines : c'est par exemple le cas des racines, des ronces, des arbrisseaux, etc. qui ne sont pas récoltés puisqu'ils n'ont pas d'utilité directe pour l'économie humaine — ce qui ne signifie évidemment pas qu'ils ne sont pas utiles par ailleurs.

Pour déterminer la biocapacité, le système comptable de l'empreinte écologique procède donc de manière légèrement différente : il évalue le potentiel maximum de récolte atteignable sur une catégorie de sol donnée. Ce qu'on cherche ici à évaluer, c'est la productivité potentiellement mobilisable à des fins humaines, en optimisant la gestion des sols et en laissant de côté la partie productive qui n'est pas utilisable. Cela permet de comparer les quantités consommées et les capacités de production de manière plus précise et pertinente. Pour reprendre notre exemple forestier, « la quantité de troncs de bois récoltée (ou la quantité de bois disponible pour la récolte) peut être mesurée de manière bien plus précise que la part de PPN prélevée ou menacée, qui, elle, comprend l'ensemble de la biomasse forestière incluant les broussailles, l'écorce des arbres, les branches, les feuilles et les parties souterraines des plantes » [Wackernagel *et al.*, 2005, p. 12].

Cette notion de productivité potentiellement mobilisable est appliquée à chaque catégorie de surface bioproductive faisant l'objet d'une exploitation humaine potentielle (champs cultivés, forêts, pâturages) à l'exception des espaces aquatiques pour lesquels on se fonde sur la PPN en prenant en compte les niveaux trophiques. C'est-à-dire que les calculs prennent en compte le niveau auquel se situe chaque espèce de poisson considérée au sein de la chaîne alimentaire (par exemple, il faut davantage d'espace pour produire un kilogramme de thon qu'un kilogramme de sardine, le premier se nourrissant — entre autres choses — de la seconde).

Il nous reste maintenant à savoir quelles sont les catégories et les quantités exactes de ces surfaces bioproductives disponibles.

La biocapacité mondiale

En 2003, les espaces considérés comme bioproductifs au sein du système comptable de l'empreinte écologique recouvraient sur l'ensemble de la surface de la Terre environ 11,2 milliards d'hectares (ha), dont 2,4 milliards d'hectares d'espaces aquatiques et 8,8 milliards d'hectares de sols terrestres. Ces 11,2 milliards d'hectares représentent un peu moins du quart de la surface totale du globe, le reste étant constitué d'écosystèmes très peu productifs comme les océans profonds, les déserts, les hautes montagnes, les pôles. On estime aujourd'hui que les 11,2 milliards d'espaces productifs pris en compte dans le système comptable concentrent probablement plus de 90 % de la capacité régénérative totale des écosystèmes. Hormis les 2,4 milliards d'hectares d'espaces aquatiques productifs (qui correspondent aux zones de pêche en eau douce et dans les océans), les 8,8 milliards d'hectares d'espaces productifs terrestres sont répartis en :

— 3,7 milliards d'hectares de forêts ;
— 3,4 milliards d'hectares de pâturages ;
— 1,5 milliard d'hectares de champs cultivés ;
— et 0,2 milliard d'hectares de sols construits ou aménagés sur des zones productives [Kitzes *et al.*, 2007].

Mode de calcul de la biocapacité

Ces surfaces bioproductives ont des productivités qui varient selon le type de sols, mais aussi d'un pays (ou d'une région) à l'autre. Les hectares de chaque catégorie de surface bioproductive sont donc convertis en hectares globaux en pondérant leur productivité par rapport à la productivité moyenne mondiale. Pour simplifier les calculs, cinq catégories de surfaces ont été définies et chaque surface de sol comptabilisée dans les statistiques nationales est ensuite classée dans l'une de ces catégories : terres cultivées, pâturages, pêcheries, forêts (production de bois, pulpes et papiers et production de bois énergie), CO_2 venant de combustibles fossiles, terrains bâtis. La conversion entre hectares réels et hectares « globaux » est opérée en utilisant :

— des *facteurs d'équivalence* qui reflètent les variations de productivité entre les différentes catégories de surfaces ;
— des *facteurs de rendement ou de récolte* qui reflètent les différences de productivité entre chaque catégorie de surface nationale et la moyenne mondiale de cette catégorie.

Facteurs d'équivalence

Les différentes catégories de surfaces n'ont pas toutes le même potentiel de productivité. Par exemple, un hectare de champ

Biocapacité et empreinte des ressources renouvelables

Champs cultivés : le système comptable prend en compte plus de soixante-dix cultures (blé, par exemple) et quinze produits secondaires (huile d'olive, par exemple), dont il précise la quantité destinée à la nourriture animale, à la semence, à la nourriture humaine, à la production de déchets, à la transformation et aux utilisations non alimentaires. La FAO estime que les champs cultivés couvrent environ 1,5 milliard d'hectares à travers le monde, dont environ 1,3 milliard effectivement cultivés, et 0,2 milliard d'hectares de parcelles non cultivées (pâturages provisoires, friches récentes, jachères) [FAO, 2000a]. Les calculs d'empreinte écologique distinguent les cultures primaires et marginales, en leur attribuant des facteurs d'équivalence différents afin de refléter les différences de qualité de terres et de productivité des cultures (voir paragraphes suivants). Les cultures marginales incluent le sorgho, le millet, les olives et différents fourrages, comme la luzerne et le trèfle, destinés à l'ensilage, car leurs productivités sont plus faibles que celles d'autres cultures dites primaires (blé, riz, pommes de terre, etc.).

Forêts : le bois d'œuvre et le bois-énergie constituent les produits primaires de l'empreinte écologique des forêts. Le bois-énergie inclut le bois de chauffage et le charbon de bois, alors que les grumes destinées au bois d'œuvre peuvent être par la suite transformées en sciure, en panneaux de particules ou en papier. Selon la FAO [FAO, 2000a], le monde compte 3,8 milliards d'hectares de forêts. Certains organismes ont pu contester le rapport de la FAO, qui aurait tendance à surestimer la santé générale des forêts et sous-estimer l'intensité de la déforestation. Il faut donc considérer que cet ensemble de données sous-estime probablement la pression réelle exercée sur la forêt, ce qui amène par conséquent à surestimer le secteur forestier ainsi que la capacité des forêts à assimiler le CO_2.

Pâturages : les animaux élevés pour leur viande, leur peau, leur laine ou encore leur lait mobilisent des surfaces de pâturages ou de prairies. Au niveau mondial, la FAO [2001] estime qu'il existe 3,5 milliards d'hectares de pâturages et de prairies naturelles ou semi-naturelles. Le parti pris a été de considérer que la totalité de cette surface disponible était utilisée, sauf dans les pays où les pâturages produisent plus de deux fois la quantité de fourrage nécessaire à l'alimentation du bétail. Dans ce dernier cas, la demande en pâturage est alors comptabilisée comme équivalente à deux fois la surface minimale requise pour satisfaire les besoins en alimentation du bétail. Cette démarche peut sous-estimer la demande réelle en pâturage puisque les animaux sont généralement laissés à pâturer sur l'ensemble des surfaces disponibles. Il serait peut-être plus juste de considérer que toutes les surfaces de pâturage sont pleinement utilisées — partant du « principe écologique » selon lequel toutes les niches écologiques sont exploitées. Le GFN maintient néanmoins cette hypothèse d'une empreinte écologique des pâturages équivalant à deux fois l'empreinte minimale afin de s'assurer que la demande humaine n'est pas surestimée dans le résultat final. De ce fait, les estimations de biocapacité des pays disposant de grandes surfaces de prairies peuvent apparaître comme trop importantes en comparaison de leurs « empreintes pâturage ». Des profils alimentaires types sont par ailleurs établis afin de déterminer la part respective de compléments alimentaires (céréales, fourrages, produits issus de la mer, etc.) et d'herbe de pâture consommés par les animaux dans chaque pays. Chaque type de nourriture animale est attribué à sa catégorie respective dans le système de comptabilité (les céréales à l'empreinte des champs cultivés, les compléments alimentaires issus de la mer à l'empreinte pêche, etc.). Les surfaces de cultures et de pâturages prises en compte dans les produits commercialisés sont estimées sur la base des données de la FAO [FAO, 2001] afin d'attribuer les empreintes liées à la production animale aux pays consommateurs.

Pêcheries : le système de comptabilité recense huit catégories de poissons et d'animaux aquatiques et une catégorie de plantes aquatiques. Ces neuf catégories permettent de classer quarante-deux groupes d'espèces caractérisés par un taux de prélèvement et un niveau trophique. Cela permet de calculer la demande en biocapacité requise pour le prélèvement d'une unité donnée de chaque espèce. Les poissons des niveaux trophiques supérieurs consomment évidemment une portion plus importante de biomasse (et donc de productivité primaire des océans) que les poissons des niveaux trophiques inférieurs — sachant qu'un niveau trophique donné nécessite de mobiliser environ dix fois plus de biomasse que le niveau trophique qui le précède. Ainsi, une tonne de morue (niveau trophique 4) a une empreinte écologique dix fois supérieure à une tonne de sardine (niveau trophique 3).

*Rendement (kg/ha) = PPN max. (kg/ha) * (Coefficient de transfert ^ $^{(1\text{-}NT)}$) * Facteur de rendement/ taux de prélèvement.*

La PPN (production primaire nette) maximale est en fait la quantité maximale (en kg) de l'espèce considérée qui peut être pêchée sur un hectare. NT est le niveau trophique de la prise considérée. Et le coefficient de transfert représente la biomasse transférée entre niveaux trophiques, estimée par défaut à 10 %.

La plus grande partie des pêches est réalisée sur les côtes continentales. Si on excepte les eaux non productives ou inaccessibles, cela représente au total une surface de 2 milliards d'hectares, fournissant plus de 95 % des prises mondiales de poisson. Les eaux douces et intérieures représentent à leur tour 0,4 milliard d'hectares, ce qui donne au total 2,4 milliards d'hectares de zones de pêche potentielles parmi les 36,6 milliards d'hectares d'océans et autres surfaces d'eaux intérieures de la planète [FAO, 2002]. Les données de prises de poisson de la FAO sont comparées avec les rendements soutenables eux aussi fournis par la FAO et estimés à 93 millions de tonnes par an.

Source : d'après Wackernagel *et al.* [2005].

cultivé aura en moyenne une productivité supérieure à un hectare de pâturage. Le facteur d'équivalence d'une catégorie de surface est le rapport entre le potentiel moyen de productivité de ce type de surface et le potentiel moyen de productivité de l'ensemble des surfaces productives. Par exemple, les champs cultivés ayant une productivité supérieure aux autres surfaces, leur facteur d'équivalence est plus élevé (autrement dit, exprimé en hectare global, un hectare de champ cultivé équivaut à plusieurs hectares de sols ayant une productivité mondiale moyenne). Les facteurs d'équivalence pour les surfaces terrestres sont calculés à partir des données de production issues d'une modélisation spatiale des potentiels agricoles au niveau mondial : le *Suitability Index of Global Agro-Ecological Zones* (GAEZ) *2000* [IIASA et FAO, 2000]. Le GAEZ établit pour chaque zone recensée un « indice d'appropriation » (*Suitability Index*), qui évalue, pour différents types de cultures, le potentiel de productivité agricole de chacune de ces zones en fonction de données portant sur le sol, le climat ou encore les périodes de croissance des végétaux. Le système de comptabilité de l'empreinte écologique établit une moyenne pondérée du *Suitability Index* pour chaque type de sol (champs cultivés, pâturages, etc.). Le facteur d'équivalence est donc le ratio entre l'*indice d'appropriation* spécifique à chaque type de sol et l'*indice d'appropriation* mondial moyen.

Tableau 1. **Facteurs d'équivalence utilisés pour le rapport *Planète vivante 2006***

Facteurs d'équivalence (2003)	
Surface bioproductive	**Hectare global/ha**
Champs cultivés (ensemble)	
– Cultures primaires	2,21
– Cultures marginales	1,79
Pâturages	0,49
Forêts	1,34
Pêcheries	0,36
Espaces construits-urbanisés	2,21
Énergies fossiles (Forêts)	1,34

Source : d'après Hails [2006].

Les catégories de surfaces bioproductives au niveau mondial (2003)

Les 11,2 milliards d'hectares de surfaces biologiquement productives dans le monde ont des productivités (en tonnes) très différentes selon leur nature. Par exemple, un hectare de champ cultivé a en moyenne 2,21 fois plus de capacité de production biologique potentiellement utilisable à des fins humaines que la moyenne des surfaces de la planète. Inversement, un hectare de pâturage offre une productivité deux fois plus faible que la moyenne (donc plus de quatre fois inférieure à un champ cultivé).

Figure 5. **Comparaison des répartitions mondiales entre les surfaces effectives et les surfaces disponibles ramenées en hectares globaux**

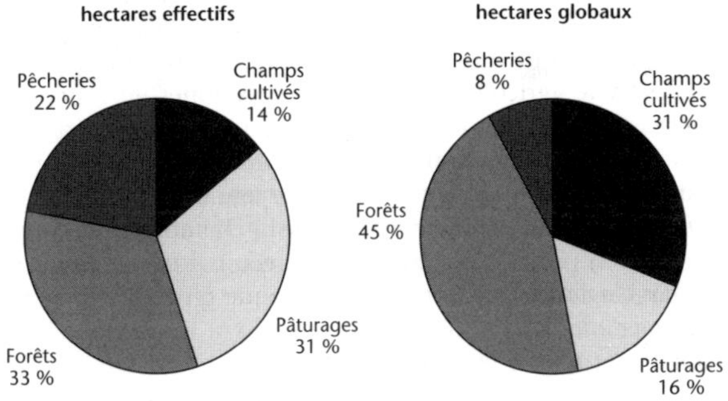

Au niveau mondial, la biocapacité de chaque catégorie de surface bioproductive peut ainsi être exprimée en une unité de mesure commune (l'hectare global) en multipliant les différentes catégories de surfaces disponibles par leurs facteurs d'équivalence respectifs :

Biocapacité (hag)	=	***Surface disponible (ha)***	×	***Facteur d'équivalence (hag/ha)***

À cette échelle mondiale, le total des surfaces bioproductives exprimé en hectares globaux est évidemment égal au total des surfaces bioproductives en hectares « réels » — puisqu'un hectare global équivaut à un hectare de surface ayant une productivité moyenne mondiale. En revanche, la part respective de chaque catégorie de surface bioproductive dans le total mondial varie fortement selon que les surfaces sont exprimées en hectares globaux ou en hectares effectifs.

Facteurs de rendement ou de récolte

Pour une même catégorie de surface, la productivité à l'hectare peut grandement varier selon les régions ou les pays et selon les années. À l'échelle des nations, pour chaque catégorie de surface, il convient donc d'ajuster la productivité nationale moyenne en fonction du rendement des récoltes de l'année considérée :

$$\text{Biocapacité (hag)} = \text{Surface disponible (ha)} \times \text{Facteur d'équivalence (hag/ha)} \times \text{Facteur de récolte du pays}$$

Le facteur de rendement [Hails, 2006] ou de récolte [Von Stokar *et al.*, 2006] est le rapport, pour une année donnée, entre la productivité moyenne d'une catégorie de surface dans un pays donné et la productivité mondiale moyenne. Par exemple, pour une année donnée, le facteur de récolte des champs cultivés pour la France est le rapport entre le rendement moyen des champs cultivés en France et le rendement moyen des champs cultivés au niveau mondial. « On peut [donc] définir le facteur de récolte comme le ratio entre la surface utilisée par un pays pour la production de toute une catégorie de biens — par exemple le bois issu des forêts, le fourrage issu des pâtures, etc. — calculée à partir des rendements nationaux, et la surface qui serait nécessaire pour produire ces biens à partir d'une surface bioproductive disposant d'une productivité équivalant à la moyenne mondiale. [...] Le taux de récolte se base sur les technologies existantes et les méthodes d'exploitation actuelles, en complément de la productivité de ressources renouvelables inhérente à chaque pays. Autrement dit, la capacité de production agricole d'un pays dépend de la fertilité des sols tout autant que des techniques agricoles utilisées » [Wackernagel *et al.*, 2005].

Au final, la biocapacité totale d'une nation est donc la somme des biocapacités des différentes catégories de surfaces

Figure 6. **Structure des calculs de la biocapacité**

Surface bioproductive totale d'une nation (hectares globaux, ou hag)	Surface de culture existante (ha)	×	Facteur de récolte des cultures	×	Facteur d'équivalence cultures (hag/ha)	=	Biocapacité des champs cultivés (hag)	**Biocapacité totale d'une nation (hectares globaux, ou hag)**
	Surface de pâturage existante (ha)	×	Facteur de récolte des pâturages	×	Facteur d'équivalence pâturages (hag/ha)	=	Biocapacité des pâturages (hag)	
	Surface de pêche existante (ha)	×	Facteur de récolte des pêcheries	×	Facteur d'équivalence pêcheries (hag/ha)	=	Biocapacité des pêcheries (hag)	
	Surface de forêts existante (ha)	×	Facteur de récolte des forêts	×	Facteur d'équivalence des forêts (hag/ha)	=	Biocapacité des forêts (hag)	
	Surface des zones urbanisées (ha)	×	Facteur de récolte des cultures	×	Facteur d'équivalence cultures (hag/ha)	=	Biocapacité utilisée par surf. urba. (hag)	
	Surface de séquestration disponible (ha) Ou Surface existante d'énergie biomasse (ha)	×	Facteur de récolte des forêts	×	Facteur d'équivalence forestier (hag/ha) Ou Facteur d'équivalence forestier (hag/ha)	=	Biocapacité des forêts disponible/séquestration (hag) Ou Biocapacité des forêts disponible/la biomasse (hag)	

Source : d'après Wackernagel *et al.* [2005].

productives dont elle dispose (champs cultivés, pâturages, pêcheries et forêts), exprimées en hectares globaux. On notera également dès à présent que les anciens champs cultivés occupés par des surfaces urbanisées ainsi que les espaces forestiers dédiés à l'assimilation du surplus de CO_2 lié à la combustion des énergies fossiles sont également pris en compte dans ce bilan.

À présent que nous avons fait un peu mieux connaissance avec les principaux composants et modes de calcul de la biocapacité, il nous reste à nous pencher plus en détail sur la partie complémentaire du système comptable : l'empreinte écologique.

V / Le calcul de l'empreinte écologique

Comme nous l'avons évoqué, l'empreinte écologique mesure la surface de sols et d'espaces aquatiques bioproductifs nécessaires à une société pour permettre un certain niveau de consommation durant une année donnée, et ce sans entamer le capital naturel. Avant de rentrer plus dans le détail de l'outil, il n'est pas inutile de rappeler ce qui est entendu ici par « consommation ».

L'empreinte écologique mesure la consommation nette de ressources issues de la biosphère

Au niveau mondial, la consommation et la production opérant au sein de la sphère économique ont évidemment tendance à s'équilibrer. Mais, en ce qui concerne chaque nation, il peut exister de grandes différences entre consommation et production, notamment du fait des échanges commerciaux : ainsi, un pays peut produire beaucoup plus de biens matériels qu'il n'en consomme, et inversement. Certains outils de comptabilité des flux physiques ou des émissions de polluants se contentent de réaliser un bilan national qui additionne indifféremment les flux et les émissions liés à la consommation (ménages) et à la production (industries, entreprises) opérant sur un même territoire. Mais cette méthode pose un problème évident de pertinence : un pays A peut par exemple réduire les émissions de pollution de son territoire en externalisant la production de ses biens de consommation (en particulier ceux qui émettent le plus de polluants au stade de la production) dans un pays B. Le problème aura alors disparu du pays A, qui pourra se vanter d'être plus propre tout en gardant un niveau de consommation constant — en particulier s'il augmente en contrepartie le nombre de ses activités de production peu polluantes, comme par exemple les services. Mais, en fait, le problème en question n'aura pas disparu de la surface de la Terre. Au contraire, si la production du pays A est délocalisée dans un pays B dont les réglementations environnementales sont moins strictes ou si les besoins de transport augmentent du fait de l'éloignement du lieu de production par rapport au lieu de consommation, le problème global a toutes les chances d'être fortement aggravé. C'est ce phénomène de délocalisation des problèmes environnementaux des pays riches vers les pays plus pauvres que les économistes ont baptisé du doux nom d'« hypothèse du havre de pollution ».

Pour contourner ce problème, le système de comptabilité nationale de l'empreinte écologique distingue les biens et les services produits dans un pays de ceux qui y sont consommés. L'empreinte écologique finale est celle liée à la consommation nette d'un pays : elle est calculée en faisant le différentiel entre la production domestique nationale et les échanges commerciaux avec les autres pays :

Consommation nette** = **Production domestique nationale** – **Exportations** + **Importations

Cela revient à dire que l'empreinte écologique est attribuée au consommateur d'un bien ou d'un service, quel que soit l'endroit de production de ce bien ou de ce service. On notera au passage que ce principe général de calcul est toutefois impossible à réaliser dans certains cas bien précis et relativement secondaires, comme par exemple pour ce qui concerne les consommations liées au tourisme qui sont imputées au pays d'accueil et pas au pays d'où proviennent les touristes — ce qui peut modifier l'empreinte écologique des pays mais ne change évidemment pas le bilan mondial.

Une fois ces précisions apportées, il nous reste à étudier la manière dont sont répertoriées et calculées les empreintes écologiques correspondant à ces données au sein des cinq grandes

Échanges commerciaux et ressources incorporées : méthode et sources

Voici comment Mathis Wackernagel et ses collègues présentent la méthode qu'ils utilisent pour prendre en compte les flux commerciaux et les ressources incorporées liées à ces flux. Afin d'éviter les doubles comptages, le système de comptabilité se focalise sur les flux de ressources primaires, ajustés ensuite à partir des données d'importations de ressources primaires et secondaires. Les ressources secondaires importées et exportées sont traduites en quantité de ressources primaires incorporées (c'est-à-dire en tonnages de ressources primaires transformées pour produire ces biens et services secondaires). Ces quantités sont ensuite utilisées pour ajuster les flux de ressources primaires pour chaque pays.

Le système comptabilise les ressources d'import-export de deux manières. Les ressources primaires (par exemple le blé, le bois, etc.) sont directement comptabilisées à partir des données statistiques de la FAO (FAOSTAT). Les données de la FAO sont utilisées parce que les unités de mesure des données qu'elles fournissent en matière de production, d'importation et d'exportation sont à la fois des unités physiques, et non monétaires, (poids sec, avec ou sans os, etc.) et homogènes entre les différents pays. Les ressources incorporées dans les produits d'import-export comme, par exemple, le cuir et le fourrage qui sont nécessaires pour fabriquer une paire de chaussures importée sont intégrées séparément à partir de la base de données du département statistique des Nations unies : *COMTRADE Global Trade Database* [UNDESA, 2006]. Ces ressources incorporées sont ensuite ajoutées au flux d'import-export de ressources primaires.

Il faut également prendre en compte dans ces calculs l'énergie « grise », ou énergie incorporée, c'est-à-dire l'énergie qui a été nécessaire pour produire les biens importés afin de pouvoir imputer cette énergie au pays qui consomme le bien et non à celui qui le produit. Le choix qui a été fait pour les calculs nationaux d'empreinte écologique consiste à effectuer la moyenne des données d'intensité énergétique issues de nombreuses études et d'utiliser la banque de données sur l'énergie grise du Stockholm Environment Institute [Barrett *et al.*, 1999]. Faute de détails suffisants, les produits sont considérés comme ayant la même quantité d'énergie incorporée quel que soit leur pays de production. L'énergie est ensuite traduite en émissions de CO_2 en se fondant sur le mix énergétique du pays producteur pour les exportations, et une moyenne mondiale pour les importations.

Source : d'après Wackernagel *et al.* [2005, p. 18].

catégories de consommation : produits des cultures, produits animaux, pêcheries, consommations énergétiques, terrains bâtis. Chacune de ces catégories de ressources mobilise une part de bioproductivité qui se caractérise par un mode de calcul d'empreinte écologique qui lui est propre.

L'empreinte écologique liée aux consommations de ressources renouvelables

Pour fonctionner, le « métabolisme économique » d'une nation consomme chaque année une certaine quantité de ressources renouvelables issues de la biosphère. Il peut s'agir de produits extrêmement variés issus de différents types de surfaces bioproductives :

— des champs cultivés (pour fournir les céréales, les légumes, les fibres textiles, le tabac, etc.). Le système comptable recense par exemple plus de soixante-dix types de productions issues des champs cultivés ;

— des pâturages (pour produire le lait et les produits laitiers, la viande, la laine, le cuir...) ;

— des surfaces de mers et d'océans (pour produire les poissons et autres ressources halieutiques) ;

— des espaces forestiers (pour fournir le bois nécessaire aux constructions, au chauffage des bâtiments ou encore pour la fabrication du papier).

La base commune du calcul de l'empreinte écologique pour les ressources renouvelables consiste, pour chaque catégorie de production, à diviser la quantité de ressources consommée (en tonnes/an) par le rendement global (en tonnes par hectare et par an), avant d'ajuster ce chiffre en fonction du facteur d'équivalence correspondant (en hectare global par hectare) :

$$\underset{(hag)}{\textit{Empreinte}} = \underset{(t/an)}{\textit{Quantité consommée}} \;/\; \underset{(t/ha/an)}{\textit{Rendement global}} \times \underset{(hag/ha)}{\textit{Facteur d'équivalence}}$$

Pour chaque catégorie de produit, néanmoins, le système comptable de l'empreinte écologique des nations distingue les productions dites primaires et secondaires :

Productions primaires

On regroupe sous le qualificatif *primaires* toutes les productions qui n'ont pas fait l'objet d'un processus de transformation. Pour les champs cultivés, les pâturages et les espaces forestiers, les productions primaires englobent tous les produits qui sont directement issus de la photosynthèse tels les légumes crus, les fruits, le bois brut utilisé pour le chauffage ou encore le fourrage... bref, tout ce qui est consommé tel quel et non transformé. Pour les espaces marins, on considère comme production primaire les poissons non transformés provenant directement du milieu naturel (hors élevage). Du fait de l'absence de transformation, l'empreinte écologique de ces produits primaires est égale à la surface de terre ou de mer (exprimée en hectares globaux) requise pour assurer leur production sans entamer le capital naturel.

$$\underset{(ha)}{Surface_{prod.\ primaire}} = \underset{-\ exportations\ (tonnes)}{Production + importations} \ / \ \underset{(tonnes/ha)}{Rendement\ global}$$

puis :

$$\underset{(hag)}{Empreinte_{prod.\ primaire}} = \underset{(ha)}{Surface_{prod.\ primaire}} \times Facteur\ d'équivalence$$

Productions secondaires

Les productions dérivées des produits primaires sont regroupées sous le qualificatif *secondaires*. Il s'agit de l'ensemble des ressources qui nécessitent la consommation de produits primaires issus de la photosynthèse : c'est par exemple le cas des produits d'élevage comme la viande ou le lait, qui ont besoin que soient mobilisées des ressources primaires — en l'occurrence, l'alimentation des animaux : fourrage, grains, etc. Il peut s'agir également de produits primaires ayant subi des transformations humaines, comme par exemple l'huile tirée du tournesol, ou encore le papier ou les planches de bois tirés des grumes de bois brut, pour ne citer que quelques exemples.

L'empreinte écologique des produits secondaires intègre donc l'empreinte des produits primaires qui ont été nécessaires pour les fabriquer. Par exemple, l'empreinte écologique de la viande de bœuf (produit secondaire) prend en compte celle du fourrage (produit primaire) nécessaire à sa production. Alors qu'un produit primaire aura une empreinte écologique égale quelle que soit son origine de production, l'empreinte d'un produit

Mode calculatoire des surfaces d'importation et d'exportation des produits secondaires

Surface d'importations$_{2aire}$ (ha) = Importations$_{2aire}$ (tonnes)
* Coefficient d'efficience global (tonnes$_{1aire}$/tonnes$_{2aire}$)
/ Rendement global$_{1aire}$ (tonnes/ha)

Surface de production$_{2aire}$ (ha) = Production$_{2aire}$ (tonnes)
* Coefficient d'efficience national (tonnes$_{1aire}$/tonnes$_{2aire}$)
/ Rendement global$_{1aire}$ (tonnes/ha)

Surface d'exportations$_{2aire}$ (ha) = Exportations$_{2aire}$ (tonnes)
* [(Surface d'importations$_{2aire}$ (ha) + surface de production$_{2aire}$ (ha))
/ (Importations$_{2aire}$ (tonnes) + Production$_{2aire}$ (tonnes))]

Source : d'après Wackernagel *et al.* [2005, p. 14].

secondaire dépend de l'efficience moyenne de sa transformation dans le pays où il est fabriqué. Les produits secondaires importés utilisent donc un facteur de conversion fondé sur la moyenne mondiale, tandis que ceux produits et consommés à l'intérieur d'un pays utilisent un facteur de conversion national.

Enfin, on notera dès à présent que l'empreinte écologique des ressources renouvelables ne prend pas en compte directement les effets négatifs de certaines pratiques agricoles qui ont, à terme, des conséquences néfastes sur la productivité des sols — utilisation abusive de pesticides ou d'engrais, érosion, salinisation, tassement, accumulation d'éléments toxiques, etc. C'est seulement une fois que cette réduction de la productivité est rendue effective que le système comptable est capable d'en rendre compte par le biais d'une réduction concomitante de la biocapacité. Par conséquent, il est probable que l'empreinte écologique sous-estime la demande en nature du fait de cette absence de considération directe des problèmes de surexploitation ou de dégradation des surfaces bioproductives.

L'empreinte écologique liée aux infrastructures et zones urbanisées

Pour fonctionner, une société a également besoin d'espaces pour installer ses infrastructures dédiées au logement, au travail, au commerce, aux loisirs ou encore aux transports (chemins, routes, autoroutes, chemins de fer, etc.). Dans certains cas, il est possible que ces infrastructures n'empiètent pas sur des surfaces bioproductives. C'est par exemple le cas des régions désertiques du Maghreb où, généralement, les espaces urbanisés sont situés à proximité des espaces bioproductifs (comme les oasis) sans pour autant empiéter sur ces zones. Mais, dans la plupart des cas, les espaces urbanisés se sont établis historiquement au cœur des espaces les plus fertiles de chaque pays. En France, par exemple, l'artificialisation grignote chaque année 60 000 hectares de sols. Ainsi, entre 1982 et 2003, alors que la population française n'a progressé que de 10 % environ, les surfaces artificialisées ont augmenté de 42 % au détriment, majoritairement, des espaces agricoles [IFEN, 2006]. Par conséquent, le système comptable de l'empreinte écologique considère que l'ensemble des surfaces bâties correspond à des zones qui pourraient avoir un intérêt en tant que terre arable. La conversion entre hectares réels et hectares globaux se fonde donc sur les facteurs d'équivalence et de récolte des terres arables :

$$\underset{(hag)}{Empreinte_{urba}} = \underset{(ha)}{Surface_{urba}} \times \underset{(hag/ha)}{Facteur\ d'équivalence_{cultures}} \times Facteur\ de\ récolte_{cultures}$$

L'énergie hydraulique fait l'objet d'un mode de calcul d'empreinte écologique fondé sur le même principe : la surface de sol prise en compte inclut la surface du barrage et du réservoir. Il va de soi que les terres inondées peuvent avoir des productivités très variables selon le profil du terrain et la hauteur de chute du barrage. De la même manière, les terrains inondés peuvent être de natures et de productivités biologiques très variables selon qu'il s'agit de zones de plaines fertiles ou au contraire de zones montagneuses dont la bioproductivité est très faible. Faute de données suffisamment précises, on accorde à ces surfaces inondées une productivité biologique équivalant à la moyenne mondiale pour les barrages de plaine. Par ailleurs, un ratio de productivité d'énergie produite par hectare de terre inondée a été effectué à partir d'une moyenne réalisée sur les vingt plus grands barrages du monde [WWF, 2000]. Dans de nombreux pays, les informations concernant les zones inondées par les barrages hydroélectriques sont inconnues ou très imprécises. On a en revanche une connaissance plus précise de la quantité d'électricité produite à partir de ces infrastructures. Dans ce cas, un facteur de conversion permet d'évaluer approximativement la surface de terre inondée à partir de la quantité d'hydroélectricité produite.

$$\underset{(hag)}{\text{Empreinte}_{hydro}} = \underset{(GJ)}{\text{Énergie}} \;/\; \underset{\text{constant }(GJ/ha)}{\text{Facteur de conversion}} \times \underset{(hag/ha)}{\text{Facteur d'équivalence}_{hydro}}$$

Pour les pays dont les équipements hydroélectriques sont concentrés dans les zones montagneuses, l'empreinte écologique de l'hydroélectricité est diminuée d'un facteur 10 afin de refléter leur moindre impact : les surfaces inondées sont en effet plus faibles en montagne du fait des hauteurs de chute plus importantes, et les zones concernées ont une productivité biologique moins bonne — il s'agit au mieux d'alpages pour lesquels on utilise alors le facteur d'équivalence des pâturages.

L'empreinte écologique liée aux consommations d'énergies fossiles ou « empreinte carbone »

La production de ressources renouvelables (bois, fourrages, cultures, poissons, etc.) et l'installation des infrastructures nécessaires au fonctionnement de l'économie humaine (routes, logements, usines, barrages, etc.) nécessitent la mise à disposition d'une certaine surface de terres ou de mers bioproductives. Il est donc relativement aisé de calculer leur empreinte écologique. Mais il en va tout autrement des énergies fossiles qui, pour leur production, n'occupent pas directement une surface de sol bioproductif puisqu'elles sont tirées du sous-sol. Il n'est pourtant pas envisageable d'exclure les énergies fossiles du bilan comptable de l'empreinte écologique ; d'abord parce que l'impact de

Genèse des hydrocarbures : de l'énergie photosynthétique « en boîte »

Les hydrocarbures que nous utilisons aujourd'hui massivement sont les produits dérivés d'une activité photosynthétique qui s'est opérée il y a plusieurs centaines de millions d'années à la surface de la planète. Durant des dizaines de millions d'années, des quantités considérables de matière vivante ont été produites dans les océans et les lacs par le biais d'organismes pour la plupart relativement simples. En mourant, le plancton, les algues et les autres organismes aquatiques se sont accumulés au fond des mers. Et, comme la décomposition de cette matière organique est souvent moins aboutie en milieu aquatique, les sédiments marins contiennent des quantités relativement importantes de ces éléments organiques « mal décomposés » qui échappent au recyclage de la biosphère. Mélangés avec les sédiments minéraux, ces éléments subissent alors le travail de certaines bactéries et se transforment en kérogène. Pris au piège des roches sédimentaires, ce kérogène s'enfonce alors parfois dans l'écorce terrestre, au gré de mouvements géologiques qui peuvent durer encore quelques millions d'années. À partir d'une certaine profondeur, la pression et la température sont alors suffisantes pour transformer progressivement le kérogène en hydrocarbures — du pétrole ou du gaz, selon les conditions de genèse rencontrées. Mais, pour pouvoir être exploitables à des fins humaines, il faut encore que ces hydrocarbures migrent de la roche dans laquelle ils se sont formés (le plus souvent une roche schisteuse) vers une roche-réservoir plus poreuse. Dans certains cas, cette migration ascendante des hydrocarbures se voit bloquée par la présence d'une couche de roche imperméable qui empêche le réservoir de s'échapper puis de s'évaporer : le réservoir est alors bloqué dans sa remontée, formant une poche de pétrole ou de gaz qui devient alors (enfin !) exploitable.

Les hydrocarbures peuvent donc être considérés comme une sorte d'énergie solaire mise en boîte il y a plusieurs dizaines, voire centaines de millions d'années. Si on prend en compte le fait que seule une fraction infime de la matière organique produite par la biosphère au cours des dernières centaines de millions d'années a pu subir les différentes étapes décrites ci-dessus, alors il apparaît clairement que le pétrole et le gaz sont des ressources qui, à l'échelle des temps géologiques, peuvent être considérées comme extrêmement rares ; mais, à l'échelle d'une vie humaine, ces ressources peuvent paradoxalement sembler importantes.

leur utilisation sur la biosphère est important en termes d'assimilation de déchets et ensuite parce que ces sources d'énergie sont elles-mêmes des produits dérivés de la photosynthèse — autrement dit, il s'agit d'un capital naturel directement issu de l'activité de la biosphère.

L'utilisation des énergies fossiles pose donc un double problème du point de vue de la soutenabilité : d'abord parce que ces énergies fossiles constituent un capital naturel précieux qui, une fois utilisé, ne peut plus être légué aux générations futures ; ensuite parce que leur utilisation massive génère des « déchets » qui posent des problèmes considérables d'assimilation par la biosphère. Pour évaluer l'empreinte écologique liée à l'utilisation des énergies fossiles, il faut donc évaluer la quantité de capacité régénérative de la biosphère qui est nécessaire pour résoudre l'un ou l'autre de ces deux problèmes. Autrement dit, pour mesurer l'empreinte écologique liée à la consommation d'énergies fossiles d'une nation, il faut : soit, en amont, évaluer la surface de terre ou de mer bioproductive qui serait nécessaire pour produire une quantité équivalente d'énergie à partir de la biomasse (hypothèse de substitution) ; soit, en aval, évaluer la surface bioproductive nécessaire pour assimiler les déchets générés par l'utilisation de ces énergies fossiles (hypothèse d'assimilation ou de séquestration).

La méthode de substitution par la biomasse : une méthode en devenir

La première méthode, dite de substitution, considère l'empreinte écologique liée aux consommations des énergies fossiles comme correspondant à la surface de sols bioproductifs nécessaire pour fournir une quantité équivalente d'énergie de substitution tirée de la photosynthèse — notamment par la production de biomasse végétale. Un tel remplacement permettrait en effet de résoudre le problème lié à l'épuisement (et donc à l'impossibilité de legs aux générations futures) du capital naturel que représentent les énergies fossiles. Autrement dit, en imaginant qu'il n'y ait plus d'énergie fossile disponible (ce qui tôt ou tard sera le cas) et que nous désirions continuer à faire fonctionner l'économie (sans changer nos modes de vie ni nos techniques de production), quelle surface devrait être mobilisée afin de produire la quantité d'énergie végétale nécessaire pour remplacer les énergies fossiles ?

Pour répondre à cette question, il faudrait idéalement identifier les différentes catégories d'utilisation des énergies fossiles et leur trouver à chacune une forme de substitution appropriée. Pour l'instant, néanmoins, la méthode de substitution se contente d'évaluer, pour l'ensemble des ressources fossiles consommées, la surface de forêt nécessaire à la production équivalente de bois-énergie. Les concepteurs de l'empreinte écologique ont choisi le bois-énergie parce qu'il s'agit de la source d'énergie tirée de la biomasse qui a été la plus utilisée jusqu'à présent par les sociétés humaines, mais aussi (et surtout) parce qu'il s'agit d'une production primaire directement utilisable sans intervention humaine — contrairement à l'éthanol ou aux huiles végétales brutes, qui exigent quant à elles des processus de transformation et qui ont l'inconvénient majeur d'entrer en concurrence potentielle avec la production alimentaire pour l'utilisation des sols. Pour l'instant, le calcul de l'empreinte écologique des énergies fossiles par la méthode dite de substitution s'opère donc en calculant l'empreinte écologique du bois-énergie, qui équivaut à celle du bois net (grumes, troncs) multipliée par un facteur d'expansion qui permet d'inclure la partie de biomasse qui est également utilisable pour le bois de chauffage (incluant les branches, les petits arbres, les écorces).

La méthode de substitution mériterait probablement d'être affinée. Les tensions récemment générées sur les marchés agro-alimentaires mondiaux suite à l'utilisation de surfaces agricoles pour la production d'agrocarburants montrent la pertinence de cette hypothèse de substitution : lorsque la production d'énergie fossile faiblira, les tensions entre différentes formes d'utilisation des sols productifs risquent de s'accroître (alimentation, textile, énergie, etc.). Néanmoins, cette méthode de substitution pose un problème majeur : elle oblige à faire des hypothèses et des projections (par exemple : quelle serait la surface de sols nécessaire pour remplacer les énergies fossiles si les niveaux de consommation restaient les mêmes ?).

La méthode de calcul par assimilation des déchets (séquestration)

La méthode par assimilation présente l'avantage de se fonder sur un fait, et non sur une hypothèse. Le fait est le suivant : chaque année, l'humanité brûle une certaine quantité d'énergies fossiles, ce qui se traduit par l'émission de CO_2 dans l'atmosphère. Or ces émissions sont potentiellement assimilables par la biosphère. La seconde méthode utilisée pour calculer l'empreinte écologique liée aux consommations des énergies fossiles évalue donc la surface bioproductive nécessaire pour séquestrer le CO_2 atmosphérique effectivement dégagé lors de la combustion des énergies fossiles. Cette surface de séquestration est évaluée en déduisant du total de ces émissions anthropiques de CO_2 la partie qui est supposée absorbée par les océans — soit environ un tiers du total d'après les évaluations des experts du GIEC (Groupement intergouvernemental d'experts sur l'évolution du climat) [GIEC, 2001]. Les surfaces bioproductives considérées sont des espaces forestiers censés jouer le rôle de puits de carbone ; un ratio moyen de séquestration du carbone est donc déterminé à partir des guides méthodologiques publiés par le GIEC : jusqu'alors, le ratio utilisé était de 1 tonne de carbone absorbée par hectare de sol forêt (soit 3,67 tonnes CO_2/ha). Ce chiffre va être ramené à 1,06 tonne de carbone absorbée par hectare (soit 3,89 t CO_2/ha), du fait de la mise à jour méthodologique apportée par le GIEC [GIEC, 2006]. À partir de ce ratio, on calcule la surface de forêts nécessaire pour séquestrer le CO_2 émis durant une année.

$$\underset{(ha)}{\textit{Surface}_{fossiles}} = \begin{pmatrix}\textit{Émissions de} \\ CO_2 \textit{ (tonnes)}\end{pmatrix} \times \begin{pmatrix}1 - \textit{Fraction absorbée} \\ \textit{par les océans}\end{pmatrix} \times \underset{\textit{tonnes } CO_2/(ha)}{\textit{Ratio de séquestration}}$$

puis :

$$\underset{(hag)}{\textit{Empreinte}_{fossiles}} = \underset{(ha)}{\textit{Surface}_{fossiles}} \times \underset{\textit{d'équivalence forestier}}{\textit{Facteur}}$$

Cette méthode n'est évidemment pas sans défaut. Elle pourrait par exemple laisser croire que la plantation de forêts est une solution exhaustive aux changements climatiques. Nous verrons à l'étude des résultats des calculs nationaux d'empreinte écologique qu'il n'en est rien : en fait, il n'est tout simplement pas possible de faire pousser suffisamment de forêts pour absorber le CO_2 anthropique émis chaque année du fait des combustions d'énergies fossiles, à la fois pour des raisons d'espace (il n'y a pas suffisamment de place pour les planter) mais aussi pour des raisons temporelles (les forêts jeunes sont des puits nets de CO_2 mais, à partir d'un certain âge, elles perdent une grande partie de leur capacité de séquestration, voire deviennent émettrices

Le cas très particulier de l'énergie nucléaire

Le choix de la méthode par séquestration pour évaluer l'empreinte des énergies fossiles pose des difficultés évidentes lorsqu'il s'agit d'aborder la question du nucléaire. Cette énergie se caractérise par l'utilisation de matières premières non renouvelables et la production de déchets radioactifs, toxiques et non assimilables par les écosystèmes. Il est donc impossible d'appliquer la méthode d'assimilation des déchets pour calculer l'empreinte écologique de l'énergie nucléaire : 1) d'abord parce que les déchets nucléaires ne sont pas censés être émis dans la biosphère — et, s'ils le sont (Tchernobyl par exemple), alors ils ne sont pas (ou que très peu) assimilables par les écosystèmes ; et 2) parce que l'énergie nucléaire n'émet pas directement de CO_2 au stade de la production électrique. Bref, avec cette méthode par assimilation des déchets, la production de déchets est soit intraduisible sous forme d'empreinte écologique (déchets nucléaires), soit incomplète car elle ne prendrait en compte qu'une partie minime des impacts (CO_2).

Au final, comment s'en sortir ? De 2002 à 2006, la méthode privilégiée pour le calcul de l'empreinte écologique du nucléaire consistait à considérer celle-ci comme équivalente à celle de la production thermique d'électricité à partir d'énergies fossiles carbonées (avec le mode de calcul en vigueur pour ces dernières : méthode par séquestration du CO_2). Cependant, les nombreuses critiques adressées à cette méthode « par défaut » ont finalement amené le Global Footprint Network à prendre une décision radicale qui consiste à ne plus intégrer le « sol nucléaire » représentant l'électricité produite par des centrales nucléaires dans l'empreinte écologique, partant du principe que les aspects les plus préoccupants liés à l'énergie nucléaire (stockage des déchets, risques d'accidents et prolifération des armes nucléaires) sont certes susceptibles d'atteindre à l'avenir la biocapacité, mais sont actuellement hors du champ d'étude de l'empreinte écologique (du fait de l'incapacité de la biosphère à assimiler les déchets produits). Pour une nation très nucléarisée comme la France, dans laquelle l'énergie nucléaire représente 78 % de l'électricité produite, cette décision n'est évidemment pas neutre — même si le nucléaire représente en France moins de 16 % des consommations finales d'énergie (contre 48 % pour les produits pétroliers, voir Observatoire de l'énergie [2007]). Dans cet ouvrage, nous nous contenterons de présenter les résultats avec la méthode qui a prévalu jusqu'à présent, d'autant que, à l'échelle mondiale, le nucléaire ne représente de toute façon guère plus de 6 % de l'approvisionnement total en énergie primaire [IEA, 2007].

nettes). L'empreinte écologique liée aux consommations d'énergies fossiles est donc une sorte d'empreinte « fictive » qui traduit avant tout le fait que la capacité de la biosphère est insuffisante (autrement dit, la Terre n'est pas assez vaste) pour absorber tout le CO_2 émis par la combustion actuelle des énergies fossiles.

Malgré tout, cette méthode a jusqu'à présent été préférée à la précédente. D'abord parce que, comme nous l'avons évoqué, elle ne repose pas sur une hypothèse, mais un fait réel (les émissions de CO_2 liées à la combustion des énergies fossiles). Une autre raison de ce choix tient également au fait que l'empreinte des énergies fossiles obtenue avec cette seconde méthode est sensiblement plus faible, ce qui permet de garantir le « principe de sous-estimation systématique » qui prévaut dans l'élaboration du système comptable de l'empreinte écologique. Un principe sur lequel nous reviendrons en conclusion de ce chapitre, et que l'on pourrait résumer en une maxime : « En cas de doute, choisir systématiquement l'hypothèse qui fournit les résultats les plus modestes. »

L'empreinte écologique d'une nation est donc la somme de ses empreintes liées à la consommation nette de ressources renouvelables (cultures, produits d'élevage, produits de la pêche et produits forestiers) et d'énergies fossile et fissile, auxquelles on ajoute l'empreinte écologique liée aux surfaces urbanisées et aménagées —, le tout étant bien entendu exprimé en hectares globaux.

L'empreinte écologique, un système comptable en pleine évolution

Nous avons pu constater que le système comptable de l'empreinte écologique des nations opérait dans un cadre conceptuel très clairement délimité et rigoureusement organisé. En cherchant à comparer de manière systématique empreinte écologique et biocapacité (*demande* et *offre*), le système comptable fournit une opportunité unique d'apporter une réponse claire et argumentée à la question relative à la soutenabilité écologique de nos sociétés : si l'empreinte écologique de l'humanité est supérieure à la biocapacité totale, alors la situation est insoutenable. On parle alors de *dépassement écologique*.

Avant d'analyser les résultats de l'empreinte écologique des nations, on se souviendra que l'empreinte écologique n'a évidemment pas la prétention de recenser l'intégralité des pressions exercées par l'homme sur son environnement naturel. Certains aspects de la soutenabilité écologique sont en effet

Figure 7. **Structure des calculs de l'empreinte écologique**

Consommation nette (production – imports – exports) d'une nation	Produits issus des cultures (t/an)	/	Rendement global des cultures (t/ha/an)	×	Facteur d'équivalence cultures (hag/ha)	=	Surface occupée pour les cultures (hag)	**Empreinte écologique des ressources renouvelables**	**Empreinte écologique totale d'une nation (hectares globaux, ou hag)**
	Produits d'élevage (t/an)	/	Rendement global des pâturages (t/ha/an)	×	Facteur d'équivalence pâturages (hag/ha)	=	Surface occupée par les pâturages (hag)		
	Produits de la pêche (t/an)	/	Rendement global des pêcheries (t/ha/an)	×	Facteur d'équivalence pêcheries (hag/ha)	=	Surface de pêche occupée (hag)		
	Produits forestiers (m^3grume/an)	/	Rendement forestier global (m^3grume/ha/an)	×	Facteur d'équivalence forestier (hag/ha)	=	Surface de forêts occupée (hag)		
	Surfaces urbanisées (ha)	×	Facteur de récolte des cultures	×	Facteur d'équivalence des cultures (hag/ha)	=	Surface occupée par les zones urbanisées (hag)	Empreinte des zones urbanisées	
	Émissions de CO_2 des fossiles (– % absorbé par les océans) (tCO_2/an) Ou Énergie fossile (Gj/an)	/	Séquestration de CO_2 par les forêts (t. CO_2/ha/an) Ou Rendement du bois-énergie (Gj/ha/an)	×	Facteur d'équivalence forestier (hag/ha) Ou Facteur d'équivalence forestier (hag)/ha	=	Surfaces de séquestrations requises (hag) Ou Surface d'énergie requise (hag)	Empreinte écologique des énergies fossiles	

Source : Wackernagel *et al.* [2005].

Principales erreurs potentielles susceptibles d'affecter les résultats d'empreinte écologique, selon le Global Footprint Network

Les membres du réseau international de recherche et développement sur l'empreinte écologique (Global Footprint Network) estiment aujourd'hui que les résultats du système comptable peuvent être affectés par six types d'erreurs potentielles :

1. *Erreurs méthodologiques et conceptuelles.* Ce qui inclut :

a) des *erreurs systématiques dans l'évaluation de la demande globale en nature* (en biocapacité). Certaines demandes, comme la consommation d'eau douce, l'érosion des sols ou encore la diffusion d'éléments toxiques dans la nature ne sont pas du tout, ou incomplètement, prises en compte dans les modes de calcul. Cela conduit typiquement à une sous-évaluation du déficit écologique ;

b) des *erreurs d'allocation.* Des données incomplètes ou inexactes concernant les échanges commerciaux ou le tourisme peuvent affecter la répartition de l'empreinte écologique globale parmi les pays. Cela signifie, par exemple, que la consommation d'un touriste suédois au Mexique peut être attribuée au Mexique plutôt qu'à la Suède. Bien entendu, cela ne change en rien les résultats globaux concernant l'ensemble de l'humanité.

2. *Erreurs structurelles et erreurs de saisie des données dans les feuilles de calcul.* Des algorithmes permettant de détecter les erreurs, une structure modulaire des feuilles de calcul, des tests de détection automatique des erreurs dans les séries temporelles et d'autres techniques encore sont utilisées pour identifier et corriger ces erreurs potentielles. Les erreurs mineures sont plus difficiles à détecter, mais ont également un impact minimal sur la fiabilité des résultats.

3. *Hypothèses erronées afin d'estimer des données manquantes.* L'estimation des données manquantes est limitée à un secteur mineur et, dans ce secteur, seulement moins d'un quart des données manque véritablement : il s'agit de l'énergie incorporée dans les échanges commerciaux. Les estimations nationales sont fondées sur une valeur globale, ce qui signifie que les erreurs n'affectent que l'allocation de la part de cette valeur globale au niveau des nations. Les membres du GFN estiment que les distorsions maximales (dans le cas d'un petit pays dont les échanges commerciaux seraient très intensifs) sont inférieures à 5 % de l'empreinte totale d'un pays. Des

ignorés ou mal pris en compte par le système comptable de l'empreinte écologique : soit parce que les impacts en question sortent de son champ d'application strict, soit parce que certaines informations sont insuffisantes ou indisponibles. Dans tous les cas, il ne faut pas perdre de vue que le système comptable de l'empreinte écologique n'en est aujourd'hui qu'à ses balbutiements — probablement à un stade de développement comparable à celui du système de comptabilité nationale au début des années 1950. Malgré tout, l'amélioration de la qualité recherches plus approfondies sont nécessaires pour analyser les erreurs potentielles d'allocation de cette empreinte énergétique incorporée dans le commerce entre pays.

4. *Erreurs de données statistiques concernant une année particulière.* Des erreurs de données dans les documents statistiques publiés (imprimés ou électroniques) peuvent être détectées en les comparant avec des données similaires concernant des années précédentes ou suivantes. L'informatisation des données permet d'augmenter considérablement la capacité à détecter ce genre d'erreurs par comparaisons temporelles ou entre nations. Des erreurs moins significatives peuvent encore échapper à cette détection, mais elles n'affectent pas significativement les résultats finaux.

5. *Distorsion systématique de certaines données issues des statistiques onusiennes.* Certaines distorsions peuvent apparaître concernant les données de production dans certaines économies planifiées, ou du fait de la sous-évaluation de récoltes de bois sur certaines terres publiques, ou à cause d'analyses statistiques nationales parfois peu documentées sur ces sujets, ou encore du fait de l'existence de marchés noirs, c'est-à-dire d'échanges non déclarés ou non commerciaux qui sont donc difficiles à identifier et à quantifier. Étant donné que la plus grande partie des consommations est concentrée dans les parties les plus riches de la planète, il est néanmoins probable que ces distorsions n'affectent pas de manière très significative les résultats globaux. Les membres du GFN ont par ailleurs pu remarquer que dans certains cas les données fournies par les agences nationales ne correspondaient pas aux données reprises par les Nations unies — différences jusqu'à présent non élucidées. Dans ce cas, le GFN privilégie les données de l'ONU du fait de leur caractère de comparabilité internationale.

6. *Omission systématique de certaines données dans les statistiques de l'ONU.* Certaines formes de pression sur l'environnement sont significatives mais ne font pas l'objet de relevés statistiques suffisamment précis de la part des organismes internationaux. On peut citer l'exemple de l'impact biologique de la sécheresse ou de la pollution, ou encore l'impact des déchets et des pollutions sur la bioproductivité. Le fait d'inclure ces différents aspects ne ferait qu'augmenter la valeur de l'empreinte écologique.

Source : d'après Wackernagel *et al.* [2005].

des données internationales, la multiplication des publications scientifiques ainsi que la création d'un réseau international de recherche et développement sur l'empreinte écologique (le Global Footprint Network) ont permis au cours des dernières années d'améliorer considérablement la précision et la fiabilité des calculs, laissant augurer de belles avancées pour les décennies à venir — et ce d'autant plus que les erreurs potentielles de calcul sont aujourd'hui assez clairement identifiées.

Plusieurs précautions sont aujourd'hui prises pour réduire ces erreurs potentielles. Mais, malgré ces démarches de vérification, certaines imprécisions ou incertitudes méthodologiques subsistent — par exemple lorsqu'il s'agit de choisir un mode de traduction des consommations fossiles en surfaces bioproductives. Dans ce cas, un deuxième niveau de précaution consiste à favoriser volontairement une surestimation de la biocapacité et une sous-estimation de l'empreinte écologique. Cela signifie par conséquent que les éventuels déficits et/ou dépassements écologiques sont à peu près certainement sous-estimés. Il n'est pas inutile de garder en tête cet aspect des choses à l'heure d'aborder le chapitre suivant consacré aux résultats de l'empreinte écologique.

VI / Les résultats

Comme nous l'avons signalé en introduction, il est probable que, à l'époque où leur société était sur le point de s'effondrer, les habitants de l'île de Pâques n'ignoraient rien de la situation écologique catastrophique de leur île [Diamond, 2006]. À une telle échelle géographique, la disparition progressive des forêts, l'épuisement et l'érosion dramatiques des sols sont autant d'indices auxquels les îliens étaient chaque jour directement confrontés. Mais, à notre époque, il est certainement beaucoup plus difficile d'avoir une conscience claire de l'état du capital naturel ; ne serait-ce que parce que la dimension du problème s'est élargie à une échelle géographique qui rend l'appréhension des phénomènes particulièrement difficile. Dans une société de plus en plus urbanisée et mondialisée, l'homme moderne est ainsi chaque jour davantage coupé de la nature ; et, du fait de son mode de vie, il mobilise continuellement des ressources dont la provenance exacte, voire la nature lui sont inconnues. L'impact écologique de nos consommations quotidiennes s'est à ce point dilué dans le temps et dans l'espace qu'il échappe dans la plupart des cas à notre perception immédiate.

L'objectif du système comptable de l'empreinte écologique consiste précisément à rendre ces phénomènes appréhensibles à une telle échelle mondialisée. C'est donc par ce niveau géographique que nous allons commencer notre analyse, en nous focalisant en particulier sur les résultats obtenus pour l'année 2003 [1]

1. On notera au passage que la publication des résultats d'empreinte écologique s'opère en général avec un décalage de trois à quatre ans — les résultats de 2003

publiés par le WWF, le GFN et le Programme des Nations unies pour l'environnement dans le rapport *Planète vivante 2006* [Hails, 2006].

Empreinte écologique et biocapacité mondiales : un dépassement écologique avéré

En comparant au niveau mondial empreinte écologique et biocapacité, il est possible de dresser un bilan de la situation du capital naturel critique — et de son éventuelle dégradation.

La biocapacité globale, telle que nous l'avons décrite dans le chapitre IV, représentait en 2003 un peu plus de 11,2 milliards d'hectares de surfaces bioproductives de toutes sortes. Quand on la divise par le nombre d'habitants de la planète (soit environ 6,303 milliards d'habitants en 2003), cela nous donne pour l'année en question une surface bioproductive disponible moyenne légèrement inférieure à 1,8 hectare global par personne. Si l'on considère les capacités de la biosphère comme une sorte de gâteau que les hommes doivent se partager entre eux, cette surface de 1,8 hectare représente en quelque sorte la part bioproductive de la planète qui revient en moyenne à chacun d'entre nous.

De son côté, l'empreinte écologique de l'humanité s'élevait cette même année à environ 14,1 milliards d'hectares globaux, soit un peu plus de 2,2 hectares globaux par habitant (hag/hab).

L'empreinte écologique (la demande) étant supérieure à la biocapacité (l'offre), cela revient tout simplement à dire que l'humanité a sollicité en 2003 davantage de services issus de la biosphère que celle-ci était susceptible d'en régénérer sur la même période. Autrement dit, la situation mondiale est ouvertement insoutenable — en tout cas au sens de la soutenabilité forte.

Dans le jargon de l'empreinte écologique, cette situation est qualifiée de dépassement écologique. Ce dépassement s'élevait en

---

sont publiés en 2006, par exemple. Cette inertie est en partie liée au temps nécessaire à la collecte et à l'analyse des données par les organismes statistiques internationaux, ainsi qu'à l'absence de calcul de l'empreinte écologique par ces mêmes institutions statistiques.

2003 à presque 2,3 milliards d'hectares globaux, soit plus de 0,4 hag/hab (0,46 hag/hab pour être très précis) [Hails, 2006]. Ce dépassement écologique représente un peu plus de 25 % de la biocapacité mondiale. Pour répondre de manière pérenne aux besoins de l'humanité, il aurait donc fallu en 2003 disposer au minimum de 25 % de surfaces bioproductives « moyennes » supplémentaires... soit un quart de planète en plus (ou 1,25 planète).

La demande de services issus de la biosphère dépasse donc aujourd'hui largement les capacités régénératives de la planète. Au niveau mondial, un tel dépassement écologique peut s'expliquer de deux manières :

— soit parce que nous avons consommé davantage de ressources renouvelables que la biosphère est capable d'en régénérer, ce qui se traduit par une diminution des stocks (déforestation, réduction des stocks de poisson, surpâturage, etc.) ;

— soit parce que nous avons produit davantage de déchets (en particulier davantage de CO_2) que la biosphère peut en assimiler.

Évidemment, les deux phénomènes ne sont malheureusement pas exclusifs et peuvent tout à fait se cumuler. Pour y voir un peu plus clair quant aux causes du dépassement écologique mondial, il nous faut alors regarder davantage dans le détail la répartition de l'empreinte par secteurs.

Répartition de l'empreinte écologique mondiale par secteurs

Là encore, il convient de comparer les contenus respectifs de l'empreinte écologique et de la biocapacité.

Composition de la biocapacité mondiale

D'un côté, la biocapacité mondiale était composée en 2003 à 43 % de forêts (4,9 milliards d'hag), 30 % de champs cultivés (3,3 milliards d'hag), 15 % de pâturages (1,7 milliard hag), 4 % de surfaces urbanisées (483 millions d'hag) et 8 % d'espaces aquatiques dédiés à la pêche (859 millions d'hag).

Composition de l'empreinte écologique mondiale

D'un autre côté, l'empreinte écologique mondiale était constituée en 2003 pour près de la moitié par l'empreinte des énergies fossiles (6,7 milliards d'hag, soit 48 % du total). C'est la partie de l'empreinte écologique qu'on appelle parfois empreinte carbone, c'est-à-dire l'espace de forêts théoriquement nécessaire pour séquestrer la partie du CO_2 qui est émise dans l'atmosphère lors de la combustion des énergies fossiles et qui n'est pas assimilée par les océans. Si on ajoute à ce chiffre les 350 millions d'hag d'empreinte forestière liée à la production de bois-énergie (2 % du total) et les 536 millions d'hag d'empreinte nucléaire (4 % du total), au final l'empreinte énergétique (hors hydraulique) s'élève à environ 54 % du total de l'empreinte écologique mondiale.

Pour le reste, l'empreinte écologique était constituée en 2003 à :

— 22 % par l'empreinte des champs cultivés (soit 3 milliards d'hag). Il s'agit des surfaces nécessaires pour produire les biens d'origine végétale consommés durant l'année : des biens alimentaires (céréales, légumes, fruits, fourrage) mais également des fibres textiles (coton, lin, etc.) ;

— 6 % par l'empreinte des pâturages (soit 914 millions d'hag). Il s'agit cette fois de la surface de pâturages nécessaire pour satisfaire la consommation de biens issus de l'élevage : viande, lait ou encore laine et cuirs ;

— 8 % par l'empreinte des forêts pour la production de bois et de papier (un peu plus de 1 milliard d'hag) ;

— 7 % par l'empreinte écologique des espaces aquatiques nécessaires pour fournir les ressources halieutiques — essentiellement les poissons et crustacés (un peu moins d'un milliard d'hag) ;

— et 3 % d'empreinte écologique liée à l'occupation des sols bioproductifs par l'urbanisation et les infrastructures diverses (485 millions d'hag).

Partant de ce constat, il nous reste à répondre à une question centrale : à quoi est dû le dépassement écologique mondial ?

Figure 8. **Biocapacité et empreinte écologique mondiales par secteurs en 2003**

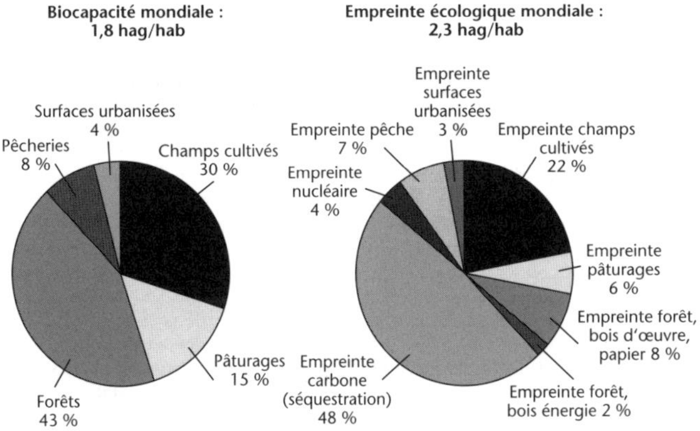

Épuisement des stocks de ressources renouvelables ou dépassement des capacités d'assimilation ?

Du fait de la place prépondérante qu'elle occupe dans le total de l'empreinte écologique, c'est évidemment l'empreinte carbone qui attire en premier lieu notre attention. Elle s'élève en 2003 à 6,7 milliards d'hectares globaux ; or la forêt mondiale offre une biocapacité de 4,9 milliards d'hag, dont une partie est déjà mobilisée pour satisfaire la production de ressources renouvelables (papier, bois d'œuvre, bois de chauffe, etc.). Il apparaît clairement que le dépassement écologique mondial est avant tout lié à une incapacité d'assimilation par la biosphère du CO_2 dégagé par la combustion des énergies fossiles. Faute de disposer de capacités bioproductives et, en particulier, de davantage de puits de carbone forestiers, le CO_2 non séquestré s'accumule dans l'atmosphère, provoquant une augmentation de l'effet de serre entraînant d'importantes perturbations climatiques.

Une part importante du déficit écologique mondial est donc due à un dépassement de la capacité d'assimilation par la

Quelques brefs rappels à propos de l'effet de serre

Lorsque les rayons du soleil atteignent la couche superficielle de l'atmosphère terrestre, ils se composent de différentes formes de rayonnements électromagnétiques, dont une faible partie seulement est visible à notre œil — ce que l'on appelle communément la « lumière ». Une partie de ces rayons solaires (environ 30 %) ne franchit pas complètement la barrière de l'atmosphère car elle rencontre des obstacles comme, par exemple, les nuages. Ce rayonnement est alors réémis vers l'espace. Le reste des rayons solaires finit quant à lui par être absorbé par les différents éléments constituant la planète (les océans, les sols, les forêts, etc.). Au contact des rayons solaires, les éléments présents à la surface de la planète vont se « réchauffer », c'est-à-dire qu'ils vont utiliser cette énergie et la dégrader pour émettre à leur tour des rayons infrarouges (de fréquence plus faible) vers l'espace. La planète reçoit donc une quantité de rayons et en renvoie une partie « dégradée » en direction de l'espace. Or certains gaz constitutifs de l'atmosphère ont la particularité de laisser passer sans encombre les rayons visibles qui nous viennent du soleil, mais de faire obstacle aux infrarouges qui sont réémis de la planète vers l'espace. Ces gaz vont donc réverbérer à leur tour l'essentiel des infrarouges émis par la planète en les renvoyant vers la surface de la Terre, provoquant ainsi une seconde phase de réchauffement « différé ». Grâce à ce phénomène fondamental, la température moyenne de la Terre atteint les 15 °C... alors que sans lui cette température serait seulement de – 18 °C !

Ces gaz aux particularités exceptionnelles sont communément appelés *gaz à effet de serre*. Il en existe plusieurs, dont en particulier le gaz carbonique (CO_2) et le méthane (CH_4). Comme nous venons de l'évoquer, ces gaz, tout comme l'effet de serre qu'ils provoquent, sont essentiels à la vie sur Terre. Mais le problème provient aujourd'hui de l'augmentation notable de leur concentration dans l'atmosphère du fait de l'activité humaine, et en particulier du fait de la combustion massive des énergies fossiles — combustion qui produit en retour du CO_2. Les experts du GIEC (Groupement intergouvernemental d'experts sur l'évolution du climat) estiment aujourd'hui que cette augmentation de la teneur en gaz à effet de serre devrait provoquer au cours du siècle à venir une augmentation moyenne des températures à la surface du globe allant de 1,8 à 4 °C [IPCC, 2007a] (voire de 1,1 à 6,4 °C en prenant en compte les incertitudes des scénarios). Une telle évolution climatique entraînera des bouleversements écologiques, mais aussi socioéconomiques, tels que l'humanité n'en a probablement jamais connus sur une période aussi courte. Ces mêmes experts estiment par ailleurs que, pour stabiliser les teneurs en gaz à effet de serre dans l'atmosphère, il faudrait diviser quasiment par trois les émissions mondiales actuelles.

biosphère des émissions de CO_2 produites par les activités humaines. C'est en particulier l'utilisation des énergies fossiles qui est ici en cause. Pour autant, cela ne signifie pas que certains problèmes de surexploitation des stocks de ressources renouvelables ne sont pas également responsables de cet état de fait. Par exemple, en 2003, l'empreinte écologique mondiale de la pêche était supérieure à la biocapacité mondiale des pêcheries. Cette année-là, l'humanité a donc probablement consommé davantage de ressources halieutiques que la nature est capable d'en régénérer. Cela se traduit inévitablement par une réduction du capital naturel halieutique, c'est-à-dire une diminution de la quantité globale de poissons et/ou de crustacés.

Au contraire des pêcheries, les pâturages bénéficient aujourd'hui au niveau mondial d'une capacité de production qui paraît potentiellement supérieure à la demande.

Enfin, les champs cultivés semblent de leur côté offrir encore un peu de réserve : l'empreinte écologique liée aux cultures est en effet légèrement inférieure à la biocapacité des champs cultivés. Il ne faut néanmoins pas perdre de vue le fait que les précautions prises dans l'établissement du bilan comptable mènent probablement à une sous-estimation de l'empreinte écologique et une surestimation de la biocapacité (notamment parce que la biocapacité est calculée sur une base de productivité optimale). De plus, l'empreinte écologique n'anticipe pas certains aspects comme la réduction de la productivité des sols qui pourrait résulter d'une dégradation physicochimique des milieux (érosion, accumulation de toxiques, pesticides, etc.). Autant dire que le léger bénéfice écologique constaté dans le domaine des champs cultivés au niveau mondial est à considérer avec beaucoup de prudence, en particulier si on considère le fait que de nombreuses pratiques agricoles intensives sont susceptibles d'engendrer une dégradation physicochimique des sols et, à terme, une baisse de leur productivité biologique.

En conclusion, on retiendra donc que le dépassement écologique global est en grande partie dû aujourd'hui à une production de CO_2 trop importante par rapport à la capacité d'assimilation de la biosphère. À ce phénomène s'ajoutent également des pratiques de surexploitation de certaines ressources renouvelables qui aboutissent à la diminution de certains stocks.

Un exemple de diminution des stocks de ressources renouvelables : la surpêche du thon rouge en mer du Nord

L'exploitation du thon rouge en mer du Nord offre un exemple historique de surpêche particulièrement bien documenté [Mackenzie et Myers, 2007]. Jusqu'au début du XXe siècle, le thon rouge est resté très peu pêché en mer du Nord, où il était pourtant présent en densité relativement importante. Mais, à partir de cette époque, sa valeur marchande a commencé à augmenter, incitant les pêcheurs à se spécialiser dans sa capture et à développer des techniques de pêche spécifiques qui se sont révélées de plus en plus efficaces. Dans le même temps, de nombreuses conserveries se sont implantées sur les pourtours de la mer du Nord, permettant d'élargir le marché potentiel. La pression de pêche a ainsi augmenté au point d'atteindre des pics de production de plusieurs dizaines de milliers de tonnes par an dans les années 1950. Les quantités prélevées dépassant largement la capacité de reproduction des populations, les stocks ont alors subitement diminué dans le courant des années 1960, et le thon rouge a quasiment disparu de la mer du Nord dans les années 1970. Malgré les efforts de préservation, il y est aujourd'hui encore très rare.

Ce phénomène est malheureusement loin d'être unique. On le constate aujourd'hui un peu partout autour du globe : par exemple, les populations de morues de l'Atlantique Nord se sont effondrées au début des années 1990, amenant à une interdiction de leur exploitation en 1992 ; dans le Pacifique, les populations de thons, de sardines et d'anchois sont menacées à de nombreux endroits ; en Méditerranée le thon rouge est également victime de surpêche, et dans certaines régions indopacifiques, la quantité de poissons disponibles a diminué de 6 à 33 % au cours des vingt-cinq dernières années. Au total, si l'on en croit l'Institut de recherche pour le développement (IRD), entre 1950 et 2000, un quart des pêcheries mondiales ont ainsi connu un effondrement de leurs stocks [Mullon *et al.*, 2005]. Plus préoccupant encore, cette étude montre clairement que l'effondrement des populations a tendance à s'opérer par des phénomènes de rupture : la capture d'une quantité fixe de poissons (système de quotas) pendant plusieurs années ne garantit pas pour autant que la ressource n'est pas en train de s'épuiser.

Évolution de l'empreinte écologique mondiale depuis les années 1960

À quand remonte ce phénomène de dépassement écologique mondial ? Pour répondre à cette question, il faut essayer de retracer l'évolution de la biocapacité et de l'empreinte écologique au cours des dernières décennies, ce qui n'est évidemment pas un exercice très facile — à cause notamment de la difficulté qu'il y a à trouver des sources d'information suffisamment fiables et stables sur une telle période, mais également à cause des réajustements méthodologiques qui sont régulièrement opérés afin d'améliorer les calculs [Haberl *et al.*, 2001 ; Wackernagel *et al.*, 2004a et 2004b]. En partant du principe que les chiffres obtenus sur cette période sont néanmoins, dans leur ensemble, relativement justes, alors la comparaison de la biocapacité et de l'empreinte écologique au cours des dernières décennies indique un premier dépassement écologique à la fin des années 1980. À partir de 1987, en effet, l'empreinte écologique mondiale exprimée en hectares globaux a dépassé pour la première fois la biocapacité mondiale. Depuis cette date, les activités humaines sollicitent chaque année plus de services issus de la biosphère que celle-ci est capable d'en régénérer.

L'évolution de l'empreinte écologique mondiale sur la période allant de 1961 à 2003 apparaît d'ailleurs intéressante à analyser plus en détail. Sur ces quatre décennies, l'empreinte écologique de l'humanité a quasiment triplé, passant de moins de 4,5 à plus de 14 milliards d'hectares globaux. À quoi est due cette évolution ?

Davantage de personnes, mobilisant chacune davantage de ressources

Avant toute chose, cette augmentation de l'empreinte écologique est due à une évolution démographique phénoménale qui a permis un doublement de la population mondiale entre 1961 et 2003. Néanmoins, cette croissance démographique n'explique pas tout, loin de là : elle s'est en effet accompagnée d'une augmentation concomitante de l'empreinte écologique moyenne par habitant. Celle-ci est en effet passée d'environ 1,7 hag/hab en 1961 à plus de 2,3 hag/hab à partir de la fin des années 1980 — l'empreinte écologique moyenne par habitant ayant ensuite eu tendance à se stabiliser jusqu'à aujourd'hui. Autrement dit, en moyenne, de 1961 à 2003, (beaucoup) plus de personnes se sont mises à solliciter chacune un peu plus de services issus de la biosphère. Plus précisément, ce sont deux fois plus de personnes sur cette période qui se sont mises à solliciter chacune en moyenne 35 % de services supplémentaires en provenance de la nature (capacités de production de ressources renouvelables et capacités d'absorption du CO_2).

Figure 9. **Évolution par secteurs de l'empreinte écologique mondiale sur la période 1961-2003**

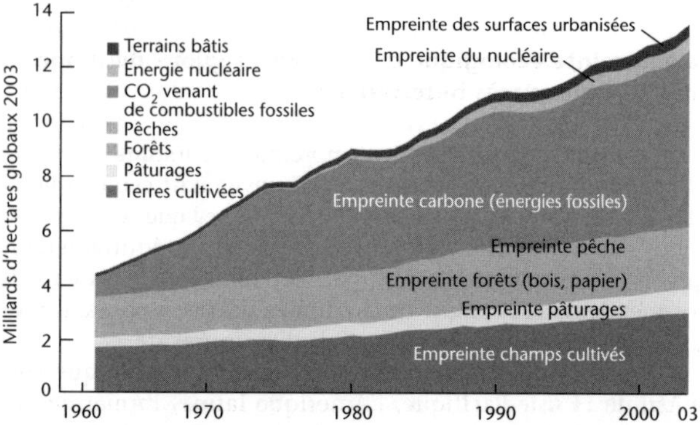

Source : Hails [2006].

Un boom de l'empreinte énergétique

On notera enfin que l'essentiel de cette augmentation de l'empreinte écologique mondiale est imputable à l'empreinte carbone. Ce qui revient à dire que c'est avant tout la croissance des consommations d'énergies fossiles qui est ici en cause. En effet, en à peine plus de quarante ans, l'empreinte des énergies fossiles a été quasiment multipliée par dix au niveau mondial. Alors qu'elle représentait à peine 10 % de l'empreinte écologique globale au début des années 1960, l'empreinte carbone est aujourd'hui responsable de quasiment la moitié du total.

L'empreinte des ressources renouvelables (cultures, pâturages, forêts et pêcheries) a beaucoup plus modestement augmenté sur cette période. Mesurée par habitant, cette empreinte des ressources renouvelables a même globalement diminué, traduisant une augmentation des rendements agricoles. Alors qu'elle représentait près de 80 % de l'empreinte écologique mondiale en 1960, l'empreinte des ressources renouvelables représente aujourd'hui moins de la moitié de l'empreinte totale. Ce qui, comme nous l'avons vu, n'empêche pas pour autant certaines formes de surexploitation et/ou de dégradation des stocks.

L'empreinte écologique des grandes régions du monde : des situations très hétérogènes

Si le système comptable de l'empreinte fait aujourd'hui clairement apparaître une situation de dépassement écologique au niveau mondial, il faut néanmoins souligner que les responsabilités dans cet état de fait sont loin d'être équitablement réparties entre les différentes nations du monde. La figure 10 permet de rendre compte de ces différences de responsabilité en figurant à la fois la population et l'empreinte écologique moyenne de plusieurs grandes régions du monde que sont l'Afrique, l'Asie-Pacifique, l'Amérique latine, l'Amérique du Nord, l'Europe (en dissociant l'Union européenne de 2003 et le reste de l'Europe) et enfin le groupe Moyen Orient-Asie centrale.

Figure 10. **Répartition de l'empreinte écologique et de la population par grandes régions du monde, 2003**

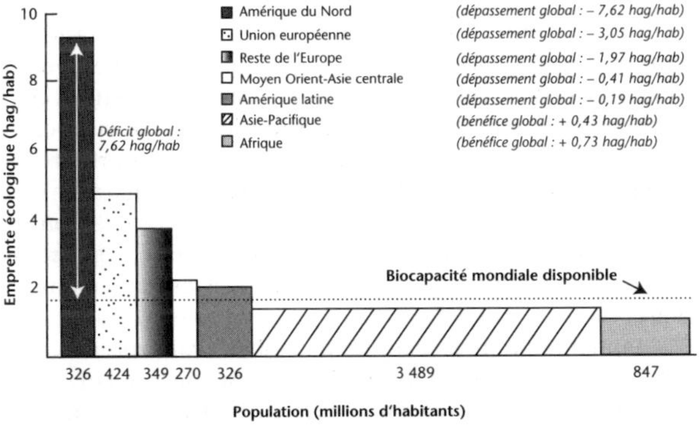

Source : Hails [2006].

Une minorité de la population est en situation de dépassement écologique global...

Le premier constat flagrant est la très grande disparité des situations.

Avec une moyenne qui se situe en 2003 à 9,4 hag/hab, l'Amérique du Nord (États-Unis et Canada) bat tous les records d'empreinte écologique par habitant. Pour satisfaire de manière pérenne les besoins écologiques d'un habitant d'Amérique du Nord, il faudrait mobiliser chaque année une quantité de biocapacité mondiale équivalente à 9,4 hectares globaux de terres et de mers bioproductives.

L'empreinte écologique par habitant de l'Amérique du Nord est presque deux fois plus importante que celle de l'Union européenne, qui occupe pourtant la deuxième position avec une empreinte de 4,8 hag/hab. Arrivent ensuite le reste de l'Europe (3,7 hag/hab), le Moyen-Orient (2,2 hag/hab) et l'Amérique latine (2 hag/hab). Toutes ces régions du monde, qui représentent pourtant moins d'un tiers du total de la population mondiale, constituent à elles seules 60 % de l'empreinte écologique de l'humanité. L'Europe et l'Amérique du Nord, qui rassemblent moins de 17 % de la population mondiale, comptent pour près de la moitié (46 %) de l'empreinte écologique globale.

Ces différentes régions du monde ont également comme caractéristique commune le fait d'avoir une empreinte écologique par habitant supérieure à la biocapacité mondiale moyenne par habitant. Autrement dit, elles sont toutes en situation de dépassement écologique global. Là encore, l'Amérique du Nord bat tous les records avec un dépassement global qui s'élève à 7,6 hag/hab. Cela signifie que, si chaque habitant de la planète avait une empreinte écologique similaire à celle des Nord-Américains, il faudrait 5,2 fois plus de biocapacité que ce dont nous disposons pour pouvoir subvenir aux besoins de chacun sans entamer le capital naturel critique. Autrement dit, si chacun vivait comme un Nord-Américain moyen, il nous faudrait l'équivalent de 5,2 planètes Terre pour répondre de manière pérenne à nos besoins ! Avec un tel mode de vie « américanisé », la population maximale que la planète pourrait durablement supporter serait d'1,5 milliard d'habitants. On notera

Zoom sur l'empreinte écologique de la France

L'empreinte écologique de la France était en 2003 de 5,6 hag/hab/an, tandis que sa biocapacité était légèrement inférieure à 3 hag/hab. Si tous les habitants du monde vivaient comme les Français, il faudrait plus de trois planètes pour fournir les ressources nécessaires à notre mode de vie.

Figure 11. **Comparaison des différentes catégories d'empreinte et de biocapacité pour la France en 2003**

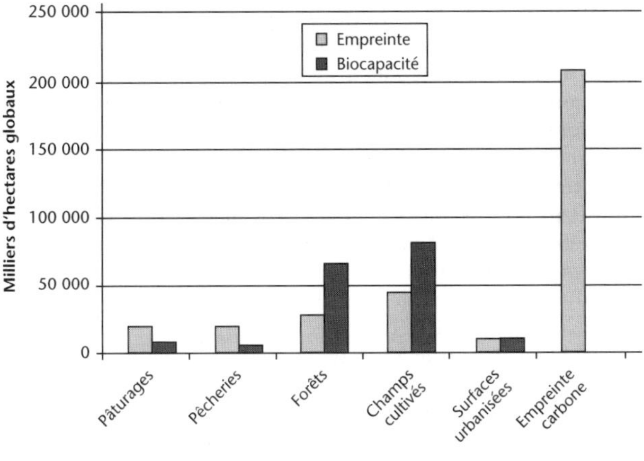

Source : données GFN [2003].

En 2003, les consommations françaises de produits forestiers et de cultures végétales (champs cultivés) restent en deçà de la biocapacité nationale. Mais les consommations de viandes et autres produits animaux (pâturages), et les consommations de poissons (pêcheries) dépassent aujourd'hui largement les capacités de production pérennes de la France (ce qui se traduit en grande partie par des importations). Enfin, le facteur le plus décisif en termes de dépassement écologique concerne l'« empreinte carbone » de la France. Cette dernière (3,52 hag/hab/an) se répartit de la façon suivante :

— empreinte liée aux émissions locales directes : 1,75 hag/hab/an ;

— empreinte liée à l'énergie incorporée dans les biens consommés : 0,27 hag/hab/an ;

— empreinte nucléaire* : 1,50 hag/hab/an.

* Calculée comme précisé dans l'encadré du chapitre V.

enfin que cette région du monde se caractérise également par la présence de grandes surfaces bioproductives. Cela est lié à la fois à une productivité de ses terres et espaces marins supérieure à la moyenne mondiale, et à une densité de population globalement plus faible que dans la plupart des autres parties du monde. Aussi importante soit-elle, la biocapacité de l'Amérique du Nord (5,5 hag/hab) reste malgré tout largement inférieure à son empreinte écologique (9,4 hag/hab).

Pour l'Union européenne, le dépassement écologique global est estimé à 3 hag/hab, ce qui revient à dire que 2,7 planètes seraient requises si chacun avait une telle empreinte écologique. Le dépassement global du reste de l'Europe est de 2 hag/hab ; puis ce dépassement tombe à 0,4 hag/hab pour la région Asie centrale-Moyen-Orient et à 0,2 hag/hab pour l'Amérique latine. Contrairement aux précédentes, l'Amérique latine se caractérise par une biocapacité plus importante que son empreinte écologique : son déficit écologique global par rapport à la condition mondiale de soutenabilité est donc à mettre en balance avec une situation interne de bénéfice écologique.

... mais la majorité de la population mondiale a encore une empreinte écologique inférieure à la biocapacité mondiale

À l'opposé de l'Amérique du Nord et de l'Europe, l'Asie-Pacifique se caractérise par une très forte démographie (représentant plus de la moitié de la population mondiale) mais une empreinte écologique par habitant beaucoup plus faible. Ainsi, l'empreinte écologique moyenne des 3,5 milliards d'habitants de la région Asie-Pacifique ne dépassait guère les 1,3 hag/hab en 2003, ce qui reste assez nettement inférieur à la biocapacité mondiale moyenne disponible par habitant. Au total, le bénéfice écologique global de cette immense région était donc de 0,4 hag/hab en 2003 — soit 0,75 planète. La situation y est cependant en forte évolution depuis quelques années, et l'empreinte des pays d'Asie-Pacifique sera probablement plus élevée dans les prochains bilans. Toutefois, il ne faut pas perdre de vue qu'une part importante des consommations de ressources naturelles de ces pays est destinée à la fabrication de biens et services qui seront consommés par les habitants d'autres régions du Monde (Amérique du Nord, Europe, par exemple).

Or, contrairement aux données statistiques classiques (émissions de gaz à effet de serre, consommations d'énergie, par exemple), le système comptable de l'empreinte écologique affecte l'empreinte liée à ces consommations aux pays utilisateurs finaux des biens et services ainsi produits.

Enfin, avec ses presque 850 millions d'habitants, l'Afrique est le continent dont l'empreinte écologique moyenne est aujourd'hui la plus faible : elle ne s'élève en effet qu'à 1 hag/hab (0,6 planète) — soit un bénéfice global de 0,7 hag/hab. L'Afrique se caractérise notamment par une faible empreinte liée aux énergies fossiles en comparaison des autres continents ; l'empreinte carbone n'y occupe que 25 % de l'empreinte écologique totale, alors que cette proportion monte à 58 % pour l'Amérique du Nord ou 62 % pour des régions productrices comme le Moyen-Orient. Au contraire, la part de l'empreinte dédiée à la production de ressources renouvelables (empreintes forêts, pâturages, cultures) est proportionnellement plus forte, même si en valeur absolue elle reste faible.

Le développement peut-il être soutenable ?

On retiendra de cette très brève analyse une idée centrale : le dépassement écologique mondial est majoritairement le fait d'une faible partie de la population, essentiellement concentrée dans des régions à très forte empreinte écologique comme l'Europe ou l'Amérique du Nord. Une analyse géographique un peu plus fine nous aurait d'ailleurs permis de constater que les pays à forte empreinte écologique sont en fait un peu plus largement disséminés autour du globe : en plus des pays d'Europe et d'Amérique du Nord, on compte également parmi ces nations « au pied lourd » des pays du Pacifique comme l'Australie, le Japon ou encore la Nouvelle-Zélande... autrement dit, l'ensemble des pays dits développés.

Dès lors, une série de questions s'impose à nous : le développement soutenable est-il possible ? Ne s'agit-il pas d'un oxymore, d'une contradiction dans les termes ? Certains pays parviennent-ils à concilier une empreinte écologique soutenable et un niveau de développement élevé ?

À propos de l'IDH

L'indice de développement humain (IDH) a été créé sous l'égide des Nations unies à la toute fin des années 1980 afin de proposer une alternative à la mesure du niveau de développement des nations par le produit intérieur brut (PIB). Constatant l'aspect trop quantitatif du PIB, les experts des Nations unies proposèrent de considérer le développement humain comme relevant d'au moins trois dimensions : le niveau de vie matérielle (PIB/habitant), le niveau d'éducation (taux de scolarisation, taux d'alphabétisation) et le niveau de santé général de la population (espérance de vie à la naissance). Pour chaque dimension sont alors fixés un taux plafond (maximum théorique, équivalant à 1) et un taux plancher (équivalant à 0), ce qui permet de noter la performance de chaque pays sur une échelle allant de 0 à 1. Une moyenne des trois notes ainsi obtenues est ensuite opérée pour chaque pays. En 2003, par exemple, l'IDH de la France était de 0,938, ce qui plaçait la France au seizième rang international en matière de développement humain [PNUD, 2005].

Pour répondre de manière très pragmatique à cette question, il est possible de croiser sur un même graphique les résultats de l'empreinte écologique des différentes nations du monde avec ceux de l'indice de développement humain (IDH) des Nations unies [Boutaud, 2002].

On notera au passage que les Nations unies considèrent qu'un pays est développé lorsque son niveau d'IDH est supérieur à 0,8. Sachant par ailleurs qu'une nation est écologiquement soutenable (à l'échelle planétaire) lorsque son empreinte écologique est inférieure à 1,8 hag/hab, il devient alors très facile de faire figurer sur le graphique en question les conditions minimales du développement soutenable (figure 12, case en haut à gauche).

Le constat est malheureusement sans appel : en 2003, seul Cuba parvenait à concilier un haut niveau de développement humain et une empreinte écologique inférieure à la biocapacité moyenne mondiale par habitant. On notera au passage que cette faible empreinte écologique cubaine peut s'expliquer en partie par l'embargo dont le pays a été frappé, ce qui relativise sa « performance » en la matière. En revanche, les bons résultats de Cuba en termes d'IDH s'expliquent par des niveaux d'éducation et d'espérance de vie assez élevés. Quant aux considérations touchant à la démocratie ou à la liberté d'expression, on se contentera ici de rappeler qu'elles ne sont évidemment pas prises en compte par l'IDH, ce qui ne signifie pas pour autant qu'elles

Figure 12. **Empreinte écologique et indice de développement humain de 130 nations en 2003**

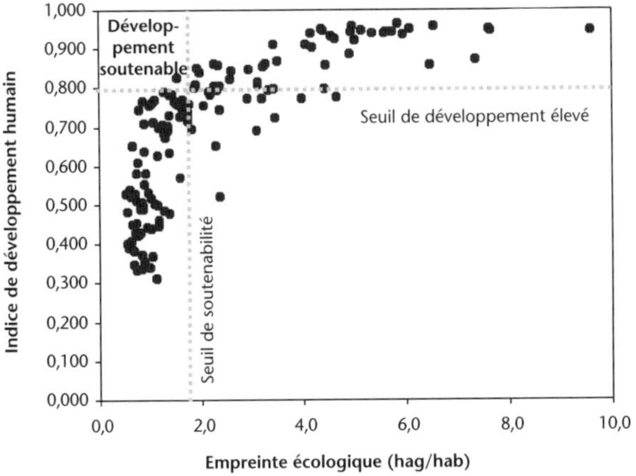

ne sont pas souhaitables dans une logique de développement soutenable !

On voit également clairement se profiler sur le graphique ainsi obtenu, de gauche à droite, une courbe qu'on pourrait qualifier de « courbe du développement classique ». Ce cheminement, qui mène des pays les plus pauvres vers les nations les plus riches, mérite d'être analysé un peu plus en détail. On peut *grosso modo* distinguer trois étapes.

Dans un premier temps, le niveau de développement humain semble pouvoir augmenter beaucoup plus rapidement que ne croît l'impact écologique lié à ce développement.

Dans un deuxième temps, la courbe tend à s'infléchir : l'impact écologique augmente alors plus rapidement que le niveau de développement humain. Ce phénomène empêche ainsi les pays émergents d'atteindre l'objectif d'un développement soutenable puisque, pour passer à un stade de développement supérieur, ils vont avoir tendance à privilégier des modes de vie et de consommation davantage prédateurs de ressources et émetteurs de CO_2. Les habitants de ces pays vont se mettre à manger plus de viande, à se déplacer davantage, à acquérir des véhicules motorisés, etc.

Enfin, le stade ultime marque un rabattement presque total de la courbe, caractéristique des courbes de rendement décroissant : à partir d'un indice de développement humain de 0,9, les progrès en matière de développement ne se font alors qu'au prix d'une très forte augmentation de l'empreinte écologique. Une première explication de ce phénomène tient au fait que, dans le calcul de l'IDH, l'indice de PIB est calculé en appliquant une formule logarithmique qui lisse les niveaux de PIB/hab les plus élevés. Empreinte écologique et PIB/hab étant fortement corrélés [Rothman, 1998], on peut donc légitimement penser que c'est alors la course à une certaine forme de croissance économique qui est essentiellement à mettre en cause dans l'agrandissement disproportionné de l'empreinte écologique, tandis que dans le même temps le niveau de développement humain tel que mesuré par l'IDH n'augmente plus guère.

En conclusion, la figure 12 nous montre clairement que, dans son acception forte, le développement soutenable est encore pour la plupart des nations du monde un objectif lointain. Et il n'est pas tout à fait anodin de constater qu'en la matière les pays du Nord ont au moins autant d'efforts à fournir pour devenir écologiquement soutenables que les pays du Sud pour devenir développés. Ce qui revient à dire que, en matière de développement soutenable, la priorité pour les pays riches est aujourd'hui la décroissance de leur empreinte écologique.

Que faire ?

Comment réduire l'empreinte écologique des pays les plus riches sans revenir à l'âge de pierre ? Comment sortir de la situation de déficit écologique qui caractérise aujourd'hui les sociétés modernes ? Le but de cet ouvrage n'est évidemment pas de répondre à une question aussi ambitieuse. Mais il paraît difficile de conclure sans esquisser quelques solutions.

Avant tout, il faut rappeler que l'empreinte écologique obéit à une règle de calcul générique proposée dans le courant des années 1970 et connue sous le nom d'équation d'Ehrlich et Holdren [1971]. Ces deux auteurs identifient trois types de facteurs pouvant expliquer le poids qu'une société exerce sur l'environnement. L'impact environnemental d'une société (*impact* = I) dépend à la fois de la pression démographique (*population* = P), du mode de consommation « moyen » (*affluence* = A) et d'un ensemble de technologies utilisées qui vont avoir un rôle potentiellement démultiplicateur (*technology* = T). Autrement dit, la formule d'Ehrlich et Holdren peut se résumer ainsi :

$$I = P.A.T.$$

L'empreinte écologique d'un pays (ou du monde entier) dépend elle aussi de l'articulation entre ces trois facteurs. C'est donc forcément dans une combinaison de réponses portant sur ces trois éléments que se trouve la clé d'une réduction de notre empreinte écologique.

Dans un pays comme la France, où plus de la moitié de l'empreinte écologique est liée à la consommation d'énergie, l'association négaWatt, qui regroupe plus de cent experts de ces questions, a établi un scénario volontariste qui vise à assurer la transition vers une société sans énergie fossile ni nucléaire. Ce scénario ambitieux mais tout à fait réaliste peut nous servir de guide pour comprendre comment il est possible d'agir concrètement afin de réduire notre empreinte écologique à l'horizon 2050 [négaWatt, 2006]. Comment ce scénario aborde-t-il les différents facteurs de l'équation d'Ehrlich et Holdren : démographie, mode de vie, technologie ?

Commençons par les aspects démographiques. Le scénario négaWatt reste très prudent sur ce point, se contentant de reprendre à son compte les projections de croissance les plus consensuelles de l'INSEE à l'horizon 2050. Autrement dit, le scénario négaWatt ne préconise pas de solutions démographiques pour résoudre le problème énergétique et prévoit même une augmentation de la population. Rien de très malthusien là-dedans, donc ! Cela signifie évidemment que l'essentiel des efforts est envisagé sur les deux autres aspects de l'équation, à savoir les changements de mode de consommation et les améliorations techniques. Sur ces deux points, le scénario reprend une démarche extrêmement pédagogique qui peut se résumer en une phrase : « Mieux consommer au lieu de produire plus » [négaWatt, 2005]. Cette approche est composée de trois temps :

L'empreinte écologique et les facteurs de l'équation d'Ehrlich et Holdren

L'aspect démographique est un élément fondamental dans le bilan comptable de l'empreinte écologique. Dans un monde aux capacités finies, plus nous sommes nombreux et plus l'impact humain sur l'environnement est fort (à consommation par habitant et technologie constantes). Sans compter que la biocapacité disponible pour chacun s'amenuise d'autant. Cela ne signifie pas pour autant que la baisse de la démographie est la seule clé du problème, loin de là. La FAO estime par exemple que les capacités agricoles actuelles suffisent potentiellement à satisfaire les besoins alimentaires de 12 milliards d'individus, alors même que plusieurs scénarios prévoient une stabilisation de la démographie mondiale à 9 milliards d'habitants autour de 2050. En revanche, cette capacité agricole ne permet pas à chacun de consommer tout et n'importe quoi.

On aborde alors le deuxième facteur de l'équation, qui est au moins aussi important que le premier : le mode de vie et de consommation des individus. La figure nous a montré que, pour un même niveau de développement humain, des pays pouvaient avoir des modes de vie — et donc des performances d'empreinte écologique — très variables. Cela tient à un ensemble de choix individuels et collectifs extrêmement divers tels que le mode d'aménagement du territoire (plus ou moins dense), l'organisation des transports (plus ou moins collectifs), les types de bâtis (plus ou moins économes en surface et en énergie) ou encore le régime alimentaire (plus ou moins carné). Par exemple, si chaque habitant de la planète en venait simplement à vouloir manger de la viande chaque jour, les capacités agricoles mondiales seraient insuffisantes pour répondre à cette envie subite.

Enfin, le troisième facteur prépondérant est relatif au type de technologie utilisé pour répondre aux besoins précédemment cités. En effet, pour un même service rendu, des solutions techniques différentes peuvent avoir des impacts très variés. Par exemple, un citadin d'une grande ville peut décider de se rendre à son travail à pied, en bicyclette, en transport en commun, en petite voiture ou en 4 × 4. Son choix « technique » de déplacement aura alors une influence considérable sur son empreinte écologique. Il en résulte que la technique n'est pas neutre. Elle peut à la fois être un facteur d'augmentation de l'empreinte écologique — par exemple si elle est orientée vers une finalité qui consiste à susciter toujours davantage de consommation « à faible utilité ». Mais la technologie peut également être une solution de réduction de l'empreinte écologique — si elle vise à améliorer l'efficacité écologique d'un produit « à forte utilité », comme par exemple les ampoules basse consommation.

— première étape : la *sobriété énergétique*. La sobriété consiste à agir en priorité sur la demande pour éviter les gaspillages. Dans nos sociétés de surconsommation effrénée, cette sobriété est sans doute l'un des leviers d'action les plus importants. La sobriété relève en grande partie du domaine du comportement, aux niveaux à la fois individuel et collectif. Il s'agit par exemple d'organiser le territoire de manière intelligente pour réduire les besoins de déplacement, choisir des produits durables, jeter le moins possible, réparer ou recycler ce qui peut l'être, ne pas se chauffer à plus de 19 °C (et mettre un pull !) l'hiver, préférer les aliments de saison produits localement, optimiser ses déplacements, préférer une douche à un bain, et, de manière générale, toujours se poser la question de l'utilité réelle des biens et des services que l'on consomme ;

— deuxième étape : l'*efficacité énergétique*. L'efficacité relève davantage du domaine technique. Il s'agit, une fois que les besoins ont été ciblés, de favoriser l'utilisation de technologies et de matériaux permettant d'économiser les ressources. L'efficacité peut s'envisager à deux niveaux : la demande et l'offre. Dans le domaine du logement par exemple, l'efficacité sur la demande consiste à réduire les besoins de chauffage ou de lumière artificielle grâce à une bonne qualité du bâtiment (architecture, orientation, isolation, etc.). Cela participe finalement de la sobriété. L'efficacité sur l'offre consiste de son côté à utiliser des techniques qui proposent les meilleurs rendements, comme par exemple une chaudière à condensation ou des lampes fluocompactes qui, pour un même service rendu, permettent de réduire considérablement les consommations. Là encore, le potentiel d'économie est très important dans des domaines aussi variés que le chauffage, les transports ou les appareils électriques.

— troisième étape : la *substitution renouvelable*. À condition que les deux opérations précédentes soient menées de concert, il est possible d'envisager à moyen terme une substitution progressive des énergies fossiles par la mise en place de systèmes permettant d'utiliser les énergies renouvelables qui n'entament pas le capital des générations futures : énergies solaire, éolienne, biomasse, hydraulique et géothermie.

En se fondant sur des technologies concrètement éprouvées et économiquement rentables, le scénario négaWatt propose d'appliquer ces trois principes à trois grands usages de l'énergie : les transports, la chaleur et l'électricité spécifique. Au final, le programme proposé permettrait de ne plus avoir besoin d'électricité d'origine nucléaire à partir de 2040, tout en réduisant les émissions françaises directes de CO_2 à 1,7 tCO_2/an/hab

Les éco-quartiers : un premier pas vers un monde soutenable ?

La vision transversale proposée par l'empreinte écologique ainsi que sa capacité à chiffrer des scénarios permettent de l'utiliser comme un outil d'aide à la décision en matière d'aménagement urbain. Réduire l'empreinte écologique des habitants d'un quartier passe inévitablement par un double engagement, à la fois de la sphère publique (mise en œuvre de politiques et d'infrastructures éco-efficientes) et de la sphère privée (comportements individuels écoresponsables). Deux postes présentent d'importantes marges de manœuvre sous réserve de mise en place d'actions publiques volontaristes : les consommations énergétiques liées aux bâtiments et celles touchant à la mobilité.

La réhabilitation thermique des bâtiments construits avant 1975 permettrait de réduire d'un facteur 6 environ leur empreinte écologique pour atteindre une consommation énergétique d'environ 60 kWh/m^2/an pour le chauffage et l'eau chaude sanitaire. Les techniques permettant d'arriver à ces niveaux de performance existent et sont aujourd'hui largement documentées [Sidler, 2007]. Leur mise en œuvre demande cependant une politique publique très volontariste. Mais il est également nécessaire que les réalisations techniques s'accompagnent de comportements responsables de la part des habitants (température de consigne de chauffage à 19 °C, bon usage des volets, etc.).

Au niveau de la mobilité, un facteur 5 de réduction d'empreinte écologique est possible en diminuant les consommations d'énergie et l'artificialisation des sols liées aux transports et à ses infrastructures. Il s'agit de limiter fortement la part de transports individuels automobiles par des mesures là encore bien identifiées : densification et multifonctionnalité du tissu urbain afin de limiter les besoins en déplacements, développement des infrastructures facilitant les modes doux ou les transports en commun. Une fois de plus, des décisions politiques et collectives doivent être prises afin de renverser les tendances actuelles en termes d'aménagement du territoire. Ces choix doivent

[négaWatt, 2006] contre 6,5 tCO_2/an/hab en 2003 [GFN, 2006]. Ce scénario permettrait donc de réduire d'un facteur 4 les émissions directes de CO_2 de la France. Toutes choses égales par ailleurs, avec ce scénario, l'empreinte écologique totale de la France chuterait à 2,9 hag/hab/an à l'horizon 2050 s'accompagner de dynamiques collectives délaissant progressivement l'automobile au profit de modes de déplacement plus économes (marche à pied, vélo, transports en commun).

L'alimentation représente environ un tiers de l'empreinte écologique d'un Français. Dans ce domaine, les actions visant à réduire notre empreinte écologique semblent plus complexes à mettre en œuvre car l'alimentation est un sujet profondément culturel, intimement lié à des choix personnels : alimentation plus ou moins carnée, utilisation de produits plus ou moins locaux et de saison, etc. Sur ce dernier point, des actions collectives se développent aujourd'hui afin de rapprocher producteurs et consommateurs. En France, les Associations pour le maintien d'une agriculture paysanne (AMAP) permettent de créer des partenariats entre producteurs et consommateurs sur la base d'un système de distribution de « paniers » composés des produits de la ferme. Chaque consommateur membre de l'AMAP achète en début de saison une partie de la récolte. La recette ainsi obtenue par avance par le fermier constitue un fonds qui couvre les coûts de production pour la saison et assure la juste rémunération du travail du paysan. En contrepartie, l'approvisionnement du consommateur en produits de qualité est assuré durant toute l'année, ce qui permet à l'agriculteur d'écouler l'intégralité de sa production, évitant ainsi les risques de surproduction et les gaspillages d'énergie liés aux transports [ALLIANCE Rhône-Alpes, 2005].

Enfin, une bonne partie de la réduction de l'empreinte écologique des biens manufacturés dépend là encore du comportement individuel : consommation raisonnée, recyclage, gestion des déchets, etc. Mais une part de responsabilité incombe également aux entreprises à travers les produits qu'elles mettent sur le marché et leurs impacts environnementaux tout au long de la vie du produit. Encore faut-il, une fois de plus, que ces comportements vertueux soient accompagnés et incités par les acteurs publics grâce à des systèmes de tri et de recyclage ambitieux, mais aussi des règles du commerce favorables au raccourcissement des cycles de distribution.

(contre 5,6 en 2003). En menant en parallèle différentes actions visant à la réduction de l'empreinte écologique de l'alimentation ou des textiles par exemple, il est tout à fait envisageable de voir en 2050 la France se rapprocher du seuil de soutenabilité global actuel.

Conclusion

L'empreinte écologique a connu au cours des dernières années un succès croissant. Des dizaines de collectivités territoriales à travers le monde se sont mises à l'utiliser pour mesurer leur impact sur l'environnement ; plusieurs gouvernements ont également commencé à leur échelle un travail d'officialisation de l'empreinte écologique ; certaines villes se sont inspirées de cet indicateur pour sensibiliser leurs habitants, orienter leurs programmes politiques ou concevoir des bâtiments éco-efficaces, des éco-quartiers ou parfois même des plans d'urbanisme ; de nombreuses entreprises se sont également penchées sur l'outil pour améliorer leurs procédés et réduire leur impact environnemental ; des centaines d'associations et d'enseignants utilisent quotidiennement l'empreinte écologique pour sensibiliser enfants et adultes aux enjeux environnementaux ; le monde académique lui-même s'est saisi de ce nouveau sujet de recherche, donnant lieu au cours des dernières années à des dizaines de publications scientifiques ; et, enfin, des milliers de personnes estiment chaque semaine leur empreinte écologique sur des sites Internet dédiés à cet effet. De toutes parts, les références à l'empreinte écologique se multiplient, se diffusent, s'éparpillent. À tel point que l'empreinte écologique a fini par s'apparenter aux yeux du grand public à un concept un peu vague, un mot générique que la plupart d'entre nous utilisons souvent avec une bonne dose d'enthousiasme... mais sans toujours savoir très précisément de quoi il s'agit.

Sans doute agacées par tant de succès et d'approximations entremêlés, certaines voix discordantes n'ont pas manqué de se faire entendre depuis quelque temps, soulignant à juste titre les principaux manques de l'empreinte écologique et mettant en garde contre son utilisation abusive (voir par exemple l'article de Piguet *et al.* [2007] ainsi que la réponse parue dans *La Revue durable* [2008]).

Sans prétendre épuiser totalement le sujet, nous avons essayé tout au long de cet ouvrage de fournir quelques-uns des éléments conceptuels et méthodologiques nécessaires pour appréhender sereinement ces débats. Car, comme le soulignent les auteurs les plus critiques, l'enfer est pavé de bonnes intentions et rien ne serait pire que de porter au firmament l'empreinte écologique sans en connaître précisément les avantages, mais aussi les limites indéniables.

C'est précisément pour cette raison que nous avons débuté cet ouvrage en consacrant une longue place à l'histoire et à la définition de la soutenabilité (chapitres I et II). Constatant l'importance centrale de la notion de capital naturel dans cette définition, nous avons ensuite précisé quels étaient les choix qui avaient été opérés par les concepteurs du système comptable de l'empreinte écologique afin d'en fournir une mesure synthétique (chapitre III). Nous avons alors pu constater que, dans leur effort de synthèse, les inventeurs de l'empreinte écologique n'avaient pas échappé à la règle édictée par Paul Valéry selon laquelle « tout ce qui est simple est faux, et tout ce qui est complexe est inutilisable ». Ainsi, l'empreinte écologique limite son champ d'action à la mesure des impacts liés à l'utilisation de ressources potentiellement renouvelables et/ou assimilables par la biosphère — ce qui exclut par exemple les matières minérales, l'eau, les éléments toxiques ou encore les déchets radioactifs. Par ailleurs, il nous est clairement apparu que l'empreinte écologique était un outil très anthropocentré, ce qui l'amène à considérer les ressources naturelles bioproductives essentiellement sous leur aspect utilitaire, laissant par conséquent peu de place à la question pourtant éminemment importante de la biodiversité. Enfin, nous avons pu constater que le système comptable est grandement dépendant de la qualité des données biophysiques aujourd'hui disponibles, mais aussi de la précision des études scientifiques menées dans une multitude de domaines (chapitres IV et V).

Est-ce à dire pour autant que, du fait de ces limites évidentes, le système comptable de l'empreinte écologique peut nous induire en erreur ? Cette question mérite pour le moins qu'on s'y attarde.

Oui, il faut l'admettre sans hésitation, l'empreinte écologique peut par certains aspects nous induire en erreur. C'est d'abord et avant tout le cas lorsque, comme nous venons de le signaler, le cadre d'analyse de l'empreinte écologique est méconnu ou mal compris, ce qui peut alors nous amener à tirer des conclusions déplacées. C'est ce qui est déjà plus ou moins arrivé avec le PIB, auquel on a fini par donner une signification qui a peu de chose à voir avec la réalité de ce que cet outil mesure effectivement. Ainsi a-t-on fini par assimiler création de richesse et augmentation du PIB — ce qui amène alors à considérer l'épuisement des ressources naturelles par surexploitation, ou l'augmentation des accidents de la route, comme des facteurs potentiels de création de richesse car la vente de ressources naturelles et la réparation ou le remplacement des voitures accidentées, par exemple, créent de l'activité économique qui sera comptée positivement dans le PIB ! De la même manière, l'empreinte écologique peut amener à des conclusions réductrices si on interprète ses résultats de manière exclusive et au pied de la lettre : par exemple, en considérant que la biocapacité doit être augmentée en détruisant des forêts pour les remplacer par des espaces plus productifs comme les champs cultivés, ignorant par-là même les aspects écologiques autres que ceux purement productivistes.

En revanche, le système comptable de l'empreinte écologique n'induit pas en erreur sur l'essentiel. Et l'essentiel, c'est la réponse apportée à cette question centrale : sommes-nous oui ou non en train de solliciter la nature au-delà de ses capacités de régénération ? Autrement dit, sommes-nous sur le point d'épuiser une partie du capital naturel critique mondial ? En apportant une réponse malheureusement positive à cette question et en démontrant que l'humanité sollicite chaque année davantage de services issus de la nature que celle-ci est capable d'en renouveler, le système comptable de l'empreinte écologique ne nous induit certainement pas en erreur. Tout au plus la marge d'erreur porte-t-elle sur l'ampleur du dépassement écologique, mais pas sur sa réalité. Car, comme les auteurs les plus critiques vis-à-vis de l'empreinte écologique l'admettent volontiers, les principales lacunes de cet indicateur se traduisent au final par une sous-estimation probable du problème écologique auquel l'humanité est aujourd'hui confrontée.

Partant de ce constat, deux urgences de nature bien différente semblent se profiler à l'avenir autour de l'empreinte écologique.

La première de ces urgences est d'ordre méthodologique. Elle concerne avant tout la communauté scientifique, qui doit poursuivre ses efforts en vue de l'amélioration du système comptable. Cette amélioration est d'autant plus importante qu'une partie de la société civile fait aujourd'hui pression pour ériger l'empreinte écologique au rang de véritable outil d'aide à la décision. Or une telle évolution nécessite sans doute que l'outil soit encore affiné. Il faut noter à ce propos que l'empreinte a déjà beaucoup évolué au cours des dernières années. Grâce à la mise à disposition au niveau international de bases de données statistiques de plus en plus précises, la fiabilité des calculs s'est considérablement améliorée. Les nombreuses publications scientifiques et les multiples échanges académiques ont également permis de consolider l'outil. Enfin, la création du Global Footprint Network a entraîné une dynamisation de ces synergies, laissant entrevoir pour l'avenir des perspectives favorables tant en ce qui concerne l'amélioration des calculs que la finesse des analyses qui en découlent [Kitzes *et al.*, 2008].

La seconde urgence est d'ordre politique. Car, quelles que soient les insuffisances techniques de l'empreinte écologique, il ne faut pas perdre de vue qu'il s'agit là d'un indice — au double sens du terme. Et, comme dans une enquête policière, c'est bien l'accumulation des indices qui finit par construire une preuve. Aujourd'hui, la convergence des indices environnementaux aboutit à une conclusion incontournable : nous outrepassons les capacités de la nature, mettant gravement en péril son avenir et le nôtre. En participant de manière spectaculaire à cette prise de conscience et en pointant du doigt les responsabilités dans cet état de fait, l'empreinte écologique nous met devant nos responsabilités et nous suggère d'ores et déjà des pistes de solution et d'action. À nous, à l'échelle individuelle et collective, d'en tirer les conclusions... ou pas. Car une chose est sûre : nous sommes à présent comme les habitants de l'île de Pâques qui virent la disparition de leurs forêts. Nous ne pourrons plus dire à nos descendants que nous ne savions pas.

Miru ! Miru !

Liste des principaux sigles utilisés

ACV	Analyse de cycle de vie
AIE	Agence internationale de l'énergie (IEA en français)
CDIAC	Carbon Dioxide Information Analysis Center
CH_4	Méthane
CMED	Commission mondiale sur l'environnement et le développement
CO_2	Dioxyde de carbone
EEA	Environmental European Agency
FAO	Food and Agriculture Organization of the United Nations (Organisation des Nations unies pour l'alimentation et l'agriculture)
GAEZ	Global Agro-Ecological Zones
GIEC	Groupe intergouvernemental d'experts sur l'évolution du climat
Gt	Gigatonnes, c'est-à-dire un milliard de tonnes
GFN	Global Footprint Network
GIEC	Groupement intergouvernemental d'experts sur l'évolution du climat (IPCC en anglais)
GVM EU	Global Vegetation Monitoring Unit
ha	Hectare
hab	Habitant
hag	Hectare global
IDH	Indice de développement humain
IEA	International Energy Agency (AIE en français)
IFEN	Institut français de l'environnement
IIASA	International Institute for Applied Systems Analysis
INSEE	Institut national de la statistique et des études économiques
IPCC	Intergovernmental Panel on Climate Change (GIEC en français)
JRC	Joint Research Center
MIT	Massachusetts Institute of Technology

MWh	Mégawattheure
OLF	Office québécois de la langue française
PIB	Produit intérieur brut
PNUD	Programme des Nations unies pour le développement
SEI	Stockholm Environment Institute
UNDESA	United Nations Department of Economic and Social Affairs
UNECE	United Nations Economic Commission for Europe
WRI	World Resources Institute
WWF	World Wide Fund for Nature — Organisation mondiale de protection de l'environnement

Repères bibliographiques

ALLIANCE RHÔNE-ALPES [2005], *Qu'est-ce qu'une AMAP ?* Définition disponible sur www.alliancepec-rhonealpes.org/site-all/article.php3?id_article=10 (consulté le 23/04/2008).

BACON F. [1627], *La Nouvelle Atlandide*, Flammarion, Paris, 2000.

BARRETT J., VALLACK H., JONES A. et HACQ G. [1999], *A Material Flow Analysis and Ecological Footprint of York, Technical Report*, Stockholm Environment Institute, York.

BOUTAUD A. [2002], « Développement durable : quelques vérités embarrassantes », *Économie et Humanisme*, n° 353, p. 4-6.

BRITISH PETROLEUM [2004], *Statistical Review of World Energy 2004*, British Petroleum, Londres. Disponible sur www.bp.com/centres/energy/ (consulté le 30/10/2007).

CDIAC [1999], *Carbon Dioxide Émissions from Fossil-Fuel Consumption and Cement Manufacture*, Oak Ridge National Laboratory, Carbon Dioxide Information Analysis Center, Oak Ridge. Disponible sur cdiac.esd.ornl.gov (consulté le 5/11/2007).

CARSON R. [1962], *Silent Spring*, Fawcette Crest, New York.

CMED [1989], *Notre avenir à tous*, Éditions du Fleuve, Montréal.

DIAMOND J. [2006], *Effondrement : comment les sociétés décident de leur disparition ou de leur survie*, Gallimard, Paris.

EEA JRC/GVM [2000], *Global Vegetation Monitoring Unit. 2000. Global Land Classification Database* (GLC2000), European Commission, Bruxelles.

EHRLICH P. et HOLDREN J. [1971], « Impact of population growth », *Science*, n° 171, p. 1212-1217.

EKINS P., FOLKE C. et DE GROOT R. [2003], « Identifying critical natural capital », *Ecological Economics*, n° 44, p. 159-163.

FAO [2000a], *Forest Resource Assessment 2000*, Food and Agriculture Organization, Forestry Department, Rome.

— [2000b], *Global Fibre Supply Model*, Food and Agriculture Organization, Rome.

— [2001], FAOSTAT, Food and Agriculture Organization, Rome (consulté en janvier 2004 pour les données de l'année 2001).

— [2002], *FISHSTAT Plus CD-ROM*, Food and Agriculture Organization, Fisheries Department, Rome.

FAO et GAEZ [1998], disponible sur www.fao.org/ag/agl/agll/gaez/index.htm et FAOSTAT (apps.fao.org) (consulté le 23/04/2008).

FAO et UNECE [2000], *Temperate and Boreal Forest Resource Assessment 2000*, Food and Agriculture Organization and United Nations Economic Commission for Europe, Rome.

FISCHESSER B. et DUPUIS-TATE M.-F. [1996], *Le Guide illustré de l'écologie*, La Martinière, Paris.

GADREY J. et JANY-CATRICE F. [2007], *Les Nouveaux Indicateurs de richesse*, La Découverte, « Repères », Paris, nouvelle édition.

GIEC [2001], *Bilan 2001 des changements climatiques : éléments scientifiques — Contribution du Groupe de travail I au troisième rapport d'évaluation du Groupement intergouvernemental d'experts sur l'évolution du climat*, Organisation météorologique mondiale, Genève. Disponible sur www.ipcc.ch/pub/un/giecgt1.pdf (consulté le 5/11/2007).

— [2006], *2006 IPCC Guidelines for National Greenhouse Gas Inventories*, vol. 4, chap. IV, Cambridge University Press, Camridge. Disponible sur www.ipcc-nggip.iges.or.jp/ (consulté le 5/11/2007).

GFN [2003], *France-National Footprint Account*, GFN, Oakland.

— [2006], *Ecological Footprint standards 2006. Global Footprint Network Standards Committees*, GFN, Oakland. Disponible sur www.footprintnetwork.org/gfn_sub.php ?content=standards (consulté le 5/11/2007).

HABERL H., ERB K. et KRAUSMANN F. [2001], « How to calculate and interpret ecological footprints for long periods of time : The case of Austria 1926-1995 », *Ecological Economics*, vol. 38, n° 1, p. 25-45.

HAILS C. (dir.) [2006], *Rapport Planète vivante 2006*, World Wildlife Fund, Gland. Disponible sur assets.panda.org/downloads/lpr2006fr.pdf (consulté le 30/10/2007).

HUNT T.L. et LIPO C.P. [2007], « Chronology, deforestation, and "collapse" : evidence *vs.* faith in Rapa Nui prehistory », *Rapa Nui Journal*, vol. 21, n° 2, p. 85-97.

IEA [2004], *CO_2 Emissions from Fuel Combustion (2001 data)*, International Energy Agency of the OECD, Paris.

— [2007], *Key World Energy Statistics 2007*, International Energy Agency of the OECD, Paris. Disponible sur www.iea.org/textbase/nppdf/free/2007/key_stats_2007.pdf (consulté le 15/05/2008).

IFEN [2006], *L'Environnement en France. Édition 2006*, IFEN, ministère de l'Écologie et du Développement durable, Paris.

IIASA et FAO [2000], *Global Agro-Ecological Zones (GAEZ) 2000*

CD-ROM, International Institute for Applied Systems Analysis and Food and Agriculture Organization, Rome.

INSEE [2008], Nomenclatures : définitions, méthodes, INSEE, Paris. Disponible sur www.insee.fr/fr/nom_def_met/definitions/html/accueil.htm (consulté le 21/04/2008).

IPCC [2007a], *Climate Change 2007 : The Physical Science Basis. Summary for Policymakers, Contribution of Working Group I to the Fourth Assessment Report of the Intergovernmental Panel on Climate Change,* Organisation météorologique mondiale, Genève. Disponible sur www.ipcc.ch/SPM2feb07.pdf (consulté le 5/11/2007).

— [2007b], *Climate Change 2007 : Impacts, Adaptation and Vulnerability. Contribution of Working Group II to the Fourth Assessment, Report of the Intergovernmental Panel on Climate Change,* M.L. Parry, O.F. Canziani, J.P. Palutikof, P.J. van der Linden and C.E. Hanson (dir.), Cambridge University Press, Cambridge. Disponible sur www.ipcc.ch/ipccreports/ar4-wg2.htm (consulté le 20/05/2008).

Jonas H. [1990], *Le Principe responsabilité,* Cerf, Paris.

JRC/GVM EU [2000], *Global Land Classification Database (GLC2000),* European Commission, Bruxelles.

Kitzes J., Peller A., Goldfinger S. et Wackernagel M. [2007], « Current methods for calculating national footprint accounts », *Science For Environment and Sustainable Society,* vol. 4, n° 1. Disponible sur www.footprintnetwork.org/download.php ?id=4 (consulté le 30/10/2007).

Kitzes J. *et al.* [2008], « A research agenda for improving ecological footprint accounts », *Ecological Economics,* doi : 10.1016/j.ecolecon.2008.06.022.

Kump L.R., Kasting J.F. et Crane R.G. [1999], *The Earth System,* Prentice Hall, Upper Saddle River.

Lovelock J.-E. [1986], *La Terre est un être vivant : l'hypothèse Gaïa,* Le Rocher, Paris.

MacKenzie B.R. et Myers R.A. [2007], « The development of the northern European fishery for North Atlantic bluefin tuna, *Thunnus thynuss,* during 1900-1950 », *Fisheries Research,* vol. 87, n° 2-3.

Meadows D.H., Meadows D.L., Randers J. et Behrens W.W.III [1972], *The Limits to Growth : a Report for the Club of Rome's Project on the Predicament of Mankind,* Potomac Associates Books, Londres.

Monfreda C., Wackernagel M. et Deumling D. [2004], « Establishing national natural capital accounts based on detailed ecological footprint and biological capacity accounts », *Land Use Policy,* n° 21, p. 231-246.

Mullon C., Fréon P. et Cury P. [2005], « The dynamics of collapse in world fisheries », *Fish and Fisheries,* vol. 6, p. 111-120.

Navarro A. [2003], *Approche systémique des déchets,* Éditions techniques de l'ingénieur, Paris.

NÉGAWATT [2005], *Scénario négaWatt 2006 pour un avenir énergétique sobre, efficace et renouvelable. Document de synthèse*, association négaWatt, Mèze.

OBSERVATOIRE DE L'ÉNERGIE [2007], *L'Énergie en France. Édition 2007*, ministère de l'Écologie, du Développement et de l'Aménagement durable, ministère de l'Économie, des Finances et de l'Emploi, Paris. Disponible sur www.industrie.gouv.fr/energie/statisti/pdf/reperes.pdf (consulté le 6/11/2007).

OLF [2008], *Grand dictionnaire terminologique*, Office québécois de la langue française. Dernière mise à jour le 7 mai 2008, disponible sur www.granddictionnaire.com/ (consulté le 20/05/2008).

PASSET R. [1979], *L'Économique et le vivant*, Payot, Paris.

PEARCE D., MARKANDYA A. et BARBIER E. [1989], *Blueprint for a Green Economy*, Earthscan Publications Ltd, Londres.

PIGUET F.-P., BLANC I., CORBIÈRE-NICOLLIER T. et ERKMAN S. [2008], « L'empreinte écologique : un indicateur ambigu », *Futuribles*, n° 334, p. 5-24.

PNUD [2005], *Rapport mondial sur le développement humain 2005. La coopération internationale à la croisée des chemins*, Economica, Paris.

Revue durable (La) [2008], « Mini-dossier : l'empreinte écologique, un indicateur sous pression », *La Revue durable*, n° 28, p. 64-73.

ROSNAY J. DE [1975], *Le Macroscope : vers une vision globale*, Seuil, Paris.

ROTHMAN D.S. [1998], « Environmental Kuznets curves : real progress or passing the buck ? A case for consumption-based approaches », *Ecological Economics*, n° 25, p. 177-194.

SACHS I. [1980], *Stratégies de l'écodéveloppement*, Éditions ouvrières, Paris.

SEI [1998], *Conventional Worlds : Technical Description of Bending the Curve Scenarios*, Stockholm Environment Institute, PoleStar Series, rapport n° 8, Stockholm.

SIDLER O. [2007], Rénovation à basse consommation d'énergie des logements en France. Projet « RENAISSANCE », Programme européen CONCERTO, août, disponible sur www.negawatt.org/telechargement/Docs/Sidler%20Renovation%20final%201107.pdf (consulté le 22/04/2008).

SIMMONS C., LEWIS K. et BARRETT J. [2000], « Two feet-two approaches : a component-based model of ecological footprinting », *Ecological Economics*, vol. 32, n° 3, p. 375-380.

STEINFELD H. et HAAN C. DE (dir.) [1997], *Livestock-Environment interactions : Issues and Options*, Food and Agriculture Organization of the United Nations, the United States Agency for International Development and the World Bank, European Commission Directorate-General for Development, Development Policy Sustainable Development and Natural Resources, WRENmedia, Fressingfield, Eye, Suffolk.

TURNER K. [1993], *Sustainable Environmental Economics and*

Management, Principles and Practice, Belhaven, Londres.

UNDESA [2006], *UN Comtrade 2005 — UN Commodity Trade Statistics Database*, United Nations Department of Economic and Social Affairs, Statistics Division., New York. Disponible sur comtrade.un.org/ (consulté le 31/10/2007).

Vivien F.-D. [2005], *Le Développement soutenable*, La Découverte, « Repères », Paris.

Von Stokar T., Steinemann M., Rüegge B. et Schmill J. [2006], *L'Empreinte écologique de la Suisse. Une contribution au débat sur la durabilité*, Office fédéral de la statistique, Neuchâtel. Disponible sur www.bfs.admin.ch/bfs/portal/fr/index/news/publikationen.Document.86630.pdf (consulté le 30/10/2007).

Wackernagel M. et Rees W. [1999], *Notre empreinte écologique*, Écosociété, Montréal.

Wackernagel M., Monfreda C., Erb K.-H., Haberl H. et Schulz N. [2004a], « Ecological footprint time series of Austria, the Philippines, and South Korea for 1961-1999 : comparing the conventional approach to "an actual land demand" approach », *Land Use Policy*, n° 21, p. 261-269.

Wackernagel M., Monfreda C., Erb K.-H., Schulz N.B., Haberl H. et Krausmann F. [2004b], « Calculating national and global ecological footprint time series : resolving conceptual challenges », *Land Use Policy*, n° 21, p. 271-278.

Wackernagel M., Monfreda C., Moran D., Wermer P., Goldfinger S., Deumling D. et Murray M. [2005], *National Footprint and Biocapacity Accounts 2005 : The Underlying Calculation Method*, Global Footprint Network, Oakland.

WRI [2000], *World Resources 2000-2001 — People and Ecosystems : The Fraying Web of Life*, World Resources Institute, Washington D.C.

WWF [2000], *A Place for Dams in the 21s Century ?* World Wide Fund for Nature, Gland.

Des liens vers une bibliographie (en anglais) et les sources de données utilisées sont disponibles à l'adresse www.footprintnetwork.org/gfn_sub.php ?content=datamethods (consultée le 30/10/2007).

Table des matières

V Le calcul de l'empreinte écologique

VI Les résultats

Collection

R E P È R E S

créée par
Michel Freyssenet et Olivier Pastré (en 1983),

dirigée par
Jean-Paul Piriou (de 1987 à 2004), *puis par* Pascal Combemale,

avec Stéphane Beaud, André Cartapanis, Bernard Colasse, Françoise Dreyfus, Yannick L'Horty, Claire Lemercier, Philippe Lorino, Dominique Merllié, Michel Rainelli et Claire Zalc.

Le catalogue complet de la collection « Repères » est disponible sur notre site **http://www.collectionreperes.com**

GRANDS REPÈRES

Classiques

R E P È R E S

La formation du couple. *Textes essentiels pour la sociologie de la famille,* Michel Bozon et François Héran.

Invitation à la sociologie, Peter L. Berger.

Un sociologue à l'usine. *Textes essentiels pour la sociologie du travail,* Donald Roy.

Dictionnaires

R E P È R E S

Dictionnaire de gestion, Élie Cohen.

Dictionnaire d'analyse économique, *microéconomie, macroéconomie, théorie des jeux, etc.,* Bernard Guerrien.

Guides

R E P È R E S

L'art de la thèse. *Comment préparer et rédiger un mémoire de master, une thèse de doctorat ou tout autre travail universitaire à l'ère du Net,* Michel Beaud.

Comment se fait l'histoire. *Pratiques et enjeux,* François Cadiou, Clarisse Coulomb, Anne Lemonde et Yves Santamaria.

La comparaison dans les sciences sociales. *Pratiques et méthodes,* Cécile Vigour.

Faire de la sociologie. *Les grandes enquêtes françaises depuis 1945,* Philippe Masson.

Les ficelles du métier. *Comment conduire sa recherche en sciences sociales,* Howard S. Becker.

Le goût de l'observation, Jean Peneff.

Guide de l'enquête de terrain, Stéphane Beaud et Florence Weber.

Guide des méthodes de l'archéologie, Jean-Paul Demoule, François Giligny, Anne Lehoërff et Alain Schnapp.

Guide du stage en entreprise, Michel Villette.

Manuel de journalisme. *Écrire pour le journal,* Yves Agnès.

Voir, comprendre, analyser les images, Laurent Gervereau.

Manuels

R E P È R E S

Analyse macroéconomique 1.

Analyse macroéconomique 2. 17 auteurs sous la direction de Jean-Olivier Hairault.

Comprendre le monde. *Une introduction à l'analyse des systèmes-monde,* Immanuel Wallerstein.

Consommation et modes de vie en France. *Une approche économique et sociologique sur un demi-siècle,* Nicolas Herpin et Daniel Verger.

Déchiffrer la société française, Louis Maurin.

Déchiffrer l'économie, Denis Clerc.

L'explosion de la communication. *Introduction aux théories et aux pratiques de la communication,* Philippe Breton et Serge Proulx.

Une histoire de la comptabilité nationale, André Vanoli.

Histoire de la psychologie en France. XIX

Macroéconomie financière, Michel Aglietta.

La mondialisation de l'économie. *Genèse et problèmes,* Jacques Adda.

La théorie économique néoclassique. *Microéconomie, macroéconomie et théorie des jeux,* Emmanuelle Bénicourt et Bernard Guerrien.

Composition Facompo, Lisieux (Calvados)
Achevé d'imprimer en janvier 2009 sur les presses de l'imprimerie
Europe Media Duplication à Lassay-les-Châteaux (Mayenne)
Dépôt légal : février 2009
N° de dossier : 20634

Imprimé en France